天地档案
——新时代十年华北地质调查与地质科技创新
（2012—2022年）

汪大明　主编

图书在版编目(CIP)数据

天地档案:新时代十年华北地质调查与地质科技创新:2012—2022年/汪大明主编.—武汉:中国地质大学出版社,2023.6
ISBN 978-7-5625-5647-3

Ⅰ.①天… Ⅱ.①汪… Ⅲ.①地质调查-工作概况-华北地区-2012—2022 Ⅳ.①P622

中国国家版本馆CIP数据核字(2023)第137550号

天地档案
——新时代十年华北地质调查与地质科技创新(2012—2022年)

汪大明　主编

| 责任编辑:舒立霞 | 责任校对:何澍语 |

出版发行:中国地质大学出版社(武汉市洪山区鲁磨路388号)	邮编:430074
电　　话:(027)67883511　　传　　真:(027)67883580	E-mail:cbb@cug.edu.cn
经　　销:全国新华书店	http://cugp.cug.edu.cn
开本:787毫米×1092毫米　1/16	字数:391千字　印张:15.25
版次:2023年6月第1版	印次:2023年6月第1次印刷
印刷:湖北新华印务有限公司	
ISBN 978-7-5625-5647-3	定价:48.00元

如有印装质量问题请与印刷厂联系调换

编撰委员会

主　　任：汪大明

副 主 任：曹贵斌

委　　员：李基宏　朱　群　张起钴　林良俊

顾　　问：金若时　孙晓明　赵凤清　苗培森

主　　编：汪大明

副 主 编：宫晓英　杨吉龙　相振群　侯志东　方　成
　　　　　蔡云龙

撰　　稿：董　伟　匡海阳　段连峰　陈　琳　秦　红
　　　　　李　影　刘　洁　王宇珍　付永利　李惠林
　　　　　刘　洋　程银行　李效广　王　福　杨俊泉
　　　　　柳富田　刘宏伟　任军平　张国利　周红英
　　　　　陈安蜀　裴艳东　孙义伟

图片整理：许　腾

辉煌甲子见芳华
非凡十年续华章

六秩奋进铸辉煌，甲子风华正当时

天津地质调查中心诞生于社会主义十年探索时期，成长于波澜壮阔的改革开放大潮之中，发展壮大于国家和民族强盛之时。回顾六十年的发展历程，天津地质调查中心始终勇立时代潮头、不负初心使命，为促进地质科技进步、支撑引领华北地球科学发展不断贡献着智慧和力量。一代又一代华北地质工作者，筚路蓝缕、薪火相传、砥砺奋进，用自己的信仰与坚守、智慧和汗水，服务国家重大战略需求，急国家之所急、想国家之所想，开拓进取、默默耕耘，不断凝练调整业务方向，实现了从"华北大区研究所"到"一老一新"专业所，跨到"华北区域地质调查与地质科技创新高地"的辉煌历程，展现了天津地质调查中心青春正当、厚积薄发的灼灼风华。

以初心坚守平凡时光，用奋斗成就非凡十年

日升月恒，江海奔流，时间的脚步从不停歇。党的十八大以来，中国特色社会主义进入新时代十年的伟大变革，天津地质调查中心始终坚持以习近平新时代中国特色社会主义思想为指导，不折不扣贯彻落实习近平总书记关于地质工作的指示批示精神，坚决贯彻落实党中央重大决策部署，深入贯彻落实自然资源部和中国地质调查局各项部署要求，树牢"四个意识"、坚定"四个自信"、坚决捍卫"两个确立"、坚决做到"两个维护"，把握新发展阶段，贯彻新发展理念，构建新发展格局，全体干部职工折树枝为笔，蘸清泉为墨，以大地为纸，足迹遍布祖国各地，南至海南、北达龙江、西抵新疆、东至沿海各省，书写了新时代华北地质转型升级与科技创新的绚丽诗篇。回望烟波浩渺的历史长河，十年的时光犹如流星一闪而逝；凝聚华北地质调查广泛共识，取得了丰硕成果，这非凡的十年注定载入史册。

十年来,在地质调查转型升级与高质量发展的挑战中、在统筹推进新型冠状病毒感染防控和业务发展的工作中,我们排除万难、凝心聚力,牵头实施全国砂岩型铀矿地质调查与海岸带综合地质调查,全力支撑国家能源资源安全、新一轮找矿突破战略行动、京津冀协同发展、雄安新区建设、脱贫攻坚、乡村振兴、创新驱动发展等国家战略及"一带一路"建设的实施与自然资源管理中心工作,并在铀矿找矿理论、海岸带与第四纪地质、前寒武纪地质、新矿物、古生物、同位素地质年代学等方面取得了不凡的成果。

甲子辉煌倏忽而逝,十年非凡书功竹帛

"我们对于时间的理解,不是以十年、百年为计,而是以百年、千年为计。"今天,我们昂首站在了新的时代、新的起点,面对新形势、新任务、新要求,继往开来、接续奋斗的新一代华北地质人,必将始终不忘"报效国家、服务人民"的初心与使命,以不驰于空想、不骛于虚声的主动作为,开拓创新、务实进取,高擎科技创新火炬,勇攀地球科学研究高峰,为实现中华民族伟大复兴作出贡献。

中国地质调查局天津地质调查中心主任、党委副书记:汪大明

2022 年 10 月

目 录

第一章 职能定位与业务团队建设 ……………………………………………………（1）
  第一节 引　言 ……………………………………………………………………（1）
  第二节 组织机构和现任领导 ……………………………………………………（3）
  第三节 人才培养 …………………………………………………………………（7）
  第四节 二级、三级技术岗位人员简介 …………………………………………（8）
  第五节 团队建设 …………………………………………………………………（18）
  第六节 2013年以来主要出版物 …………………………………………………（24）
  第七节 装备与基础建设 …………………………………………………………（33）

第二章 践行总体国家安全观　支撑国家能源资源安全 ………………………（38）
  第一节 铀等清洁能源调查在发展壮大中取得不凡业绩 ………………………（38）
  第二节 战略性矿产地质调查在稳步推进中硕果累累 …………………………（46）
  第三节 南部非洲地质调查在夯实成果基础上提升服务质量 …………………（52）

第三章 精心服务生态文明建设和自然资源管理中心工作 ……………………（57）
  第一节 地质调查支撑服务京津冀协同发展成效显著 …………………………（57）
  第二节 海岸带与第四纪地质研究在发展中转型升级 …………………………（63）
  第三节 水文地质与水资源调查在历练中焕发新活力 …………………………（66）
  第四节 自然资源综合调查监测和支撑督察在不断探索中提升能力 …………（70）

第四章 基础地质理论创新与装备能力建设 ……………………………………（76）
  第一节 基础地质调查在不断加强中稳步改革 …………………………………（76）
  第二节 前寒武纪地质研究在坚守中取得优异成绩 ……………………………（83）
  第三节 勘查装备和技术在实践中快速发展 ……………………………………（90）
  第四节 信息化赋能华北地质调查转型发展 ……………………………………（94）
  第五节 实验测试支撑地调科研创新发展 ………………………………………（99）

第五章　华北地质科技创新中心"火车头"牵引作用显现 ………………………… (104)
　　第一节　科技创新与地质调查融合发展 …………………………………………… (104)
　　第二节　科技创新为华北地质事业提供新动能 …………………………………… (108)
　　第三节　全面推进国际交流与合作 ………………………………………………… (117)
　　第四节　持续提升公共科普服务能力 ……………………………………………… (122)

第六章　建实华北地质调查协调办公室　构建央–地统筹协调新机制 …………… (124)
　　第一节　新时期地质调查项目的管理 ……………………………………………… (125)
　　第二节　在转型升级与高质量发展背景下的华北地质调查央–地统筹协调新机制
　　　　　　………………………………………………………………………………… (128)

第七章　以全面从严治党引领保障华北地质工作 …………………………………… (135)

编后语 …………………………………………………………………………………… (147)

领导关怀 ………………………………………………………………………………… (148)

附　录 …………………………………………………………………………………… (167)

十年大事记（2012—2022年） ………………………………………………………… (208)

第 一 章
职能定位与业务团队建设

中国地质调查局天津地质调查中心（华北地质科技创新中心）是中国地质调查局直属正局级公益一类事业单位，在履行职责中坚持和加强党的集中统一领导，主要承担华北地区基础性、公益性地质调查和战略性矿产勘查工作，承担自然资源综合调查、国土空间综合研究和地质安全评价工作，承担华北地区地质调查协调工作，支撑服务生态文明建设和自然资源管理中心工作，开展地质科技创新和成果转化，向社会提供公益性服务。

第一节 引 言

党的十八大以来，中国地质调查局天津地质调查中心坚持以习近平新时代中国特色社会主义思想为指导，坚决贯彻落实党中央重大决策部署，深入贯彻落实自然资源部和中国地质调查局各项部署要求，坚持围绕中心、服务大局，扎实履行全面从严治党政治责任，推动基层党建和业务工作有机融合，不断提升政治判断力、政治领悟力、政治执行力，历任领导班子团结带领中心广大党员干部职工攻坚克难、砥砺奋进，取得了丰硕的地质调查与科研成果、精神文明与文化建设成果，业务发展、科技创新、人才培养、内部治理等方面成效显著。

中心坚决贯彻落实党中央重大决策部署和习近平总书记重要指示批示精神，把支撑服务国家重大需求和区域经济社会发展作为检验"两个维护"的重要标志，贯彻落实国家重大战略。全力支撑国家能源资源安全、新一轮找矿突破战略行动、京津冀协同发展、雄安新区建设、海洋强国、黄河流域生态保护和高质量发展、乡村振兴等国家战略部署及"一带一路"建设。中心保障国家能源资源安全取得实效，北方砂岩型铀矿调查发现23处矿产地，其中2处为特大型；基础地质调查引领发现内蒙古昌图锡力大型锰银铅锌矿；实现胶东金矿集区3000m以浅"透明化"，预测深部金资源量1396t，提交矿产地4处；完成南部非洲7国铜、金等主要矿产资源定量评价，精准支撑中资企业"走出去"。中心基本查清京津冀资源环境禀赋，编制《支撑服务北京城市副中心规划建设地质调查报告》等，为北京非首都功能疏解及相关规划建设提供地学依据；完成雄安新区"一主五辅"工程地质勘查，初步建立"透明雄安"数字平台和自然资源动态监测体系，为雄安新区提供全生命周期地质调查服务；建立陆海统筹综合地质调查技术方法体系，系统查明全国海岸带资源禀赋和环境地质条件，有效支撑《海岸带生态保护和修复重大工程建设规划（2021—2035）》；提出地质科技创新服务天津绿色低碳经济社会发展的建议，得到时任中央政治局委员、天津市委书记李鸿忠同志批示，与天津市规划和自然资源局签署战略合作协议并推进落实；助力河北省顺平、张北、沽源、饶阳四县脱贫出列，支撑河北顺平金线河富硒产业园获批"全国首批天然富硒认定地块"；助力山东泰安曹家庄获批"全国首批示范地质文化村"。支撑生态文明建设和自然资源管理初见成效，基本建成滦河流域、海河北系、内蒙古内陆河流域地下水监测体系，完成新一轮国情数据更新；协助国家自然资源督察济南局、北京局开展"三调"外业核查、土地例行督察及耕地保护、大棚房等专项督察工作，初步构建了支撑自然资源督察工作的"四体系一机制"。中心瞄准世界地质科技前沿问题开展研究，新发现5种自然界新矿物，发现地球上最早的大型多细胞真核生物，将其在地球上出现的时间提前约10亿年。对接地质云，构建地质大数据华北分中心，初步建立6类国家核心地质数据库动态更新体系，上平台发布权威地质信息服务产品，信息化建设服务效能进一步提升。发表科研论文1010篇，其中SCI论文167篇、EI论文153篇，出版专著26部。获得省部级奖项22项，其中国土资源科学技术奖一等奖6项、二等奖12项，中国地质学会地质科技十大进展2项、天津市科学技术进步奖二等奖2项。获得中国地质调查局地质科技奖一等奖6项、二等奖11项、优秀图幅奖6项、地质调查十大进展9项、地质科技十大进展4项。获得地理信息科技进步奖二等奖2项。获得山东省国土资源厅科学技术一等奖1项。单位荣获全国文明单位、天津市文明单位，全国五一劳动奖状、天津市五一劳动奖状。

第二节　组织机构和现任领导

中国地质调查局天津地质调查中心（华北地质科技创新中心）设置综合管理机构10个，技术业务机构12个，其他机构1个。编制规定设主任、党委书记、副主任、党委副书记、纪委书记，根据需要配置总地质师、总工程师、总经济师、总会计师（图1-1）。

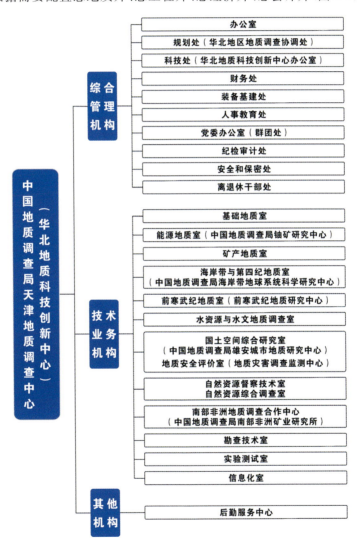

图1-1　组织机构

汪大明：主任、党委副书记（正局级）

男，汉族，1982年3月出生，吉林辽源人，中共党员，理学博士，正高级工程师，自然资源部杰出青年科技人才，中国地质调查局杰出管理人才。曾任中国地质调查局油气资源调查中心总工程师室（科技处）副主任（副处长）、页岩气调查室副主任。曾任中国地质调查局资源评价部油气地质处副处长（主持工作）、处长（其间：挂职担任中国地质调查局沈阳地质调查中心主任助理，挂职担任中国地质调查局油气资源调查中心主任助理）。

2019年12月任中国地质调查局天津地质调查中心（华北地质科技创新中心）副主任、党委副书记，2020年10月任中国地质调查局天津地质调查中心（华北地质科技创新中心）副主任（主持工作）、党委副书记（其间：参加中共中央党校第四期中青年干部培训班学习）。2022年5月任中国地质调查局天津地质调查中心（华北地质科技创新中心）主任、党委副书记。当选中国共产党天津市第十二次代表大会代表、天津市河东区第十八届人民代表大会代表。

曹贵斌：党委书记、副主任（正局级）

男，汉族，1963年3月出生，辽宁新民人，中共党员，高级工程师。曾任地质矿产部沈阳地质矿产研究所人事处负责人、党务人事处副处长、政治处主任、办公室主任、所长助理、党委委员、纪委委员、党委副书记、纪委书记（其间：参加中共中央党校国家机关分校学习，参加纪检监察业务培训班学习，参加中国延安干部学院第8期加强党性修养专题培训班学习）。曾任中国地质调查局沈阳地质调查中心（沈阳地质矿产研究所）党委书记、副主任（副所长）、纪委书记（其间：参加中央党校厅局级干部进修班学习）。2018年11月任中国地质调查局沈阳地质调查中心（东北地质科技创新中心）党委书记、副主任。2019年11月任中国地质调查局天津地质调查中心（华北地质科技创新中心）党委书记、副主任。

李基宏：党委副书记、副主任（正局级）

男，汉族，1963年11月出生，安徽霍邱人，中共党员，理学博士，正高级工程师。曾任地质矿产部主任科员、副处级干部，中国地质调查局总工程师室副处长、处长，中国地质科学院矿产资源研究所副所长、党委委员，中国地质调查局南京地质调查中心主任、党委副书记。2022年6月任中国地质调查局天津地质调查中心（华北地质科技创新中心）党委副书记、副主任。

朱群：副主任、党委委员（副局级）

男，汉族，1963年8月出生，黑龙江牡丹江人，中共党员，理学博士，二级研究员。曾任地质矿产部沈阳地质矿产研究所区域地质研究室副主任、区域地质与成矿规律研究室主任、地调部主任、科技外事处处长、党委委员、纪委委员。曾任中国地质调查局沈阳地质调查中心（沈阳地质矿产研究所）主任助理、办公室主任兼基地规划建设办公室主任、总工程师室主任、副总工程师、党委委员、纪委委员。2018年11月任中国地质调查局沈阳地质调查中心（东北地质科技创新中心）总工程师、党委委员。2020年3月任中国地质调查局天津地质调查中心（华北地质科技创新中心）副主任、党委委员。

张起钻：副主任、党委委员（副局级）

男，汉族，1964年12月出生，福建尤溪人，中共党员，理学博士，正高级工程师。曾任中国有色金属工业总公司广西地质勘查局地质矿产勘查院副院长，中国有色金属工业总公司广西地质勘查局局长助理、总工程师，广西有色地质勘查总院院长（兼）、总工程师，广西壮族自治区地质矿产勘查开发局副总工程师、综合研究处处长（兼）、局办公室主任（兼）、总工程师、党组成员（其间：参加广西自治区党委党校第21期中青班学习）。2021年6月任中国地质调查局天津地质调查中心（华北地质科技创新中心）副主任、党委委员。当选广西壮族自治区第十次党代会代表。

林良俊：副主任、党委委员（副局级）

男，汉族，1975年12月出生，江西丰城人，中共党员，正高级工程师。曾任中国地质调查局水文地质环境地质部水文地质处副调研员、环境地质处副调研员（其间：参加中共中央党校中央国家机关分校第63期处级干部进修班学习）。2016年7月任中国地质调查局水文地质环境地质部环境地质处处长（其间：挂职担任中国地质调查局天津地质调查中心主任助理，挂职担任雄安新区党工委管委会综合执法局副局长）。2019年7月任中国地质调查局水文地质环境地质部环境地质处处长、一级调研员。2019年12月任中国地质调查局天津地质调查中心（华北地质科技创新中心）副主任、党委委员。

第三节　人才培养

2013年以来，中心注重对标科技创新和业务发展对人才的需求，持续加强专业技术人才和管理人才队伍建设，完善人才培养机制措施，着力完善与传统专业、优势和拓展业务领域匹配的学科型专业科技人才队伍，培养了一批中青年技术和管理人才，青年人才力量不断凸显，人才团队水平不断提升，人才队伍结构不断优化，为新时代事业发展提供了坚强的人才支撑。

2013年以来，获批国务院政府特殊津贴专家1人，获评局"李四光学者"2人，"卓越管理人才"1人，"杰出地质人才"1人，"杰出管理人才"1人，"优秀地质人才"9人；泥质海岸带地质环境变化研究团队入选国土资源部第一批科技创新团队培育计划，2人入选部高层次科技创新人才工程青年科技人才；1人获第十七届青年地质科技奖（银锤奖）；铀矿调查项目组荣获国土资源部"十二五"科技与国际合作先进集体荣誉称号，3人荣获国土资源部"十二五"科技与国际合作先进个人；2人入选局百名青年地质英才；1人入选局十大杰出青年；1人获聘自然资源首席科学传播专家、地质调查首席科学传播专家；2人入选局首席地质填图科学家，6人入选局图幅地质填图科学家。2名局级和1名处级干部参加中央党校干部培训班学习，2名局级干部参加延安干部学院培训，8名处级干部参加部党校培训；选派1人为援疆干部，28人到自然资源部、国家发展和改革委员会、国家自然科学基金委、中国地质调查局等挂职或借调。获批博士后科研工作站，博士后进站1人；与中国地质科学院、吉林大学、中国地质大学（北京）、中国地质大学（武汉）、天津城建大学、河北地质大学、中钢集团天津地质研究院有限公司等高校院所联合培养硕士研究生。

2021年12月，按照局批复的《中国地质调查局天津地质调查中心（华北地质科技创新中心）主要职责、内设机构和人员编制规定》，充分发挥新"三定"规定在中心发展中职能定位的核心作用，统筹中心内设机构与业务发展需求的关系，逐步完成内设机构、职责任务、管理工作人才和专业技术人才等调整工作。

截至2022年11月30日，在职职工253人，其中博士51人，硕士154人。现有专业技术人员221人，管理岗位人员32人；副总工程师3人，副总经济师1人，其他正处级干部16人，副处级干部32人，80后处级干部占比65.38%；正高级职称52人，副高级职称115人，中级职称65人，初级职称14人。离退休人员216人。在职职工中，有124人为2012年6月以来新招聘或调入的人员，其中博士35人，硕士77人，本科12人。调出29人，退休84人。5名人员选调到自然资源综合调查中心，5名自然资源综合调查中心人员选调到中心工作。

第四节 二级、三级技术岗位人员简介

二级技术岗位人员（按姓氏笔画排序）：王惠初、朱群、安树清、李怀坤、李俊建、张文秦、苗培森、金若时、赵凤清、赵更新

王惠初，男，1963年9月出生，1984年7月参加工作，中共党员，研究生学历，博士学位，研究员（二级）。现任天津地质调查中心副总工程师，中国地质学会前寒武纪地质专业委员会主任委员，天津市地质学会副理事长。长期从事区域地质和前寒武纪地质调查研究工作，先后主持完成地质调查项目"内蒙古石兰哈达幅、下湿壕幅（1∶50 000）区域地质调查""青海鱼卡沟幅、西泉幅（1∶50 000）区域地质调查""东北、华北元古宙构造体制及其对成矿作用的制约""华北克拉通对哥伦比亚超大陆的响应及大地构造格架""华北克拉通变质基底大地构造分区及其对成矿作用的制约"和国家自然科学基金项目"冀北地区古元古代钾玄质花岗岩带的成因及其大地构造意义"，并负责完成"华北地区矿产资源潜力评价"成矿地质背景研究，曾赴格陵兰参加国际合作地质填图。2016—2018年担任"华北陆块及周缘地质矿产调查"工程首席专家并主持完成"燕山-太行成矿带丰宁和天镇地区地质矿产调查"二级项目，2019—2021年担任"华北平原及周边区域地质调查"工程首席专家。曾获部级科技成果二、三等奖各1项，中国地质调查成果奖二等奖2项，中国地质学会第八届青年地质科技奖（银锤奖）。2017—2022年被评为中国地质调查局"优秀地质人才"，2019年被授予"首席地质填图科学家"资格。已发表研究论文90余篇，参加撰写专著8部。

朱群，男，1963年8月出生，黑龙江牡丹江人，1988年参加工作，中共党员，博士研究生，研究员（二级）。现任天津地质调查中心副主任、党委委员、中国地质学会前寒武纪地质专业委员会委员。主要从事东北和华北区域大地构造、矿床学和区域成矿规律方面的研究工作，主持完成国家科技项目和地质调查项目等10余项，获国土资源科学技术奖二等奖1项、中国地质调查局地质调查成果二等奖1项，出版《东北亚南部地区地质与矿产》等专著4部，发表相关论文30余

篇。主持国家重点研发课题,建立了多宝山矿集区三大构造体制"复合造山"与"叠加改造成矿"的斑岩-浅成低温铜金成矿系统,实现多宝山、白音诺尔矿集区 3000m 以浅"透明化";精确标定了对铜山矿床起破坏和改造作用的铜山断裂性质和运动学特征,建立浅陡深缓的"铲式"模型,预测铜山矿床丢失的断裂下盘的隐伏Ⅱ号主矿体;经深部验证单孔穿矿厚度已达 600m 以浅透明,新增铜资源量超过 198 万 t,实现了铜山矿区深部找矿的重大突破。

安树清,男,1957 年 12 月出生,河北定州人,1974 年 12 月参加工作,2017 年 12 月退休,中共党员,硕士研究生,硕士生导师,研究员(二级)。曾任天津地质调查中心实验室主任和科技外事处处长,曾兼任全国国土资源标准化技术委员会地质矿产实验测试分析技术委员会副主任委员,国家资质认定主任级评审员,天津市分析测试协会副理事长,天津市 X 射线分析研究会副理事长,《岩矿测试》编委会委员。长期从事岩石矿物元素成分测试分析,在采用大型仪器测定土壤、岩石、矿石、水中主量元素、微量元素、物相分析等领域具有较深的造诣。先后负责过 6 项、参加过 8 项实验测试方法及综合研究项目工作,研究成果获省部级科技成果二等奖 2 项。出版专著 3 部,公开发表论文 30 余篇。主要的研究工作有:地表水样品中重金属形态分析方法研究、耐火黏土鉴别方法研究、年轻沉积物同位素定年和同位素示踪方法研究、区域地质调查样品测试方法应用研究、铅锌矿现代配套分析技术及样品粒度影响研究、锰矿石配套检测方法研究、典型金属矿石选冶样品及小取样量分析方法研究、鄂尔多斯砂岩型铀矿技术方法研究、云南个旧锡矿氡气地球化学调查研究等。

李怀坤,男,1962 年 4 月出生,1987 年 8 月参加工作,2022 年 4 月退休,博士研究生,研究员(二级)。2000 年 2 月—2001 年 2 月在澳大利亚昆士兰大学进行博士后研究,2002 年 10 月—2003 年 1 月在英国卡迪夫大学做访问学者。曾任天津地质调查中心前寒武纪地质室主任,主要从事前寒武纪地质和同位素地质年代学研究工作,先后主持或参加科研项目 40 余项。参与完成的科研成果曾获部级科学技术奖一等奖 1 项、二等奖 4 项、三等奖 1 项,2009—2013 年发表的两篇论文在 2014 年被评为中国精品科技期刊顶尖学术论文——领跑者 5000。2001 年被评为中国地质调查局首批中青年优秀人才,2009 年获得"天津市优秀留学人员"奖。出版专著 9 部,公开发表论文 130 余篇。现任第四届全国地

层委员会前寒武系分委员会中元古界工作组组长、中国矿物岩石地球化学学会第九届岩矿分析测试专业委员会副主任委员、中国地质学会前寒武纪地质专业委员会委员、《地层学杂志》编委会委员、《地质论评》编委会委员、《华北地质》编委会委员。曾任中国地质学会前寒武纪地质专业委员会秘书长、中国地质学会同位素地质专业委员会委员、中国质谱学会第九届理事会常务理事、中国地质调查局同位素地质年代学研究中心副主任、国际地层委员会前寒武纪地层分会通讯委员。

李俊建，男，1962年1月出生，江苏沛县人，1983年8月参加工作，2022年1月退休，中共党员，博士研究生，博士生导师，研究员（二级）。长期从事华北地区区域成矿规律研究、矿产资源调查评价和项目管理工作。先后负责过19项、参加过13项科研和矿产调查评价项目工作。曾获省部级科技成果奖一等奖1项（排名第2）、二等奖8项（其中6项排名第1）、三等奖3项（排名1、2、3），1998年享受国务院政府特殊津贴。获第六届中国地质学会银锤奖、第五届天津青年科技奖、中国地质调查局首届优秀青年人才奖、中国地质调查局"十三五"科技创新先进个人、天津市"十五"立功先进个人、天津市地质学会地质科技创新突出贡献奖、蒙古国矿业部颁发的为蒙古地质工作突出贡献荣誉勋章等。现为天津地质调查中心业务指导专家组和全国找矿突破战略行动指导专家组成员。以第一作者出版专著9部，发表论文147篇（其中第一/通讯作者92篇）。主要工作涉及华北陆块主要成矿带成矿规律和找矿方向、华北地区矿产资源潜力评价、华北区域成矿规律总结、胶东金矿集区三维建模与定位预测、内蒙古阿拉善地区成矿规律和找矿方向、内蒙古二连-东乌旗成矿带铜多金属矿评价、索伦山-东乌旗航空综合站测量异常查证与勘查选区评价、东乌旗狼麦温都尔地区铜多金属矿评价、阿巴嘎旗查干楚鲁一带1∶5万矿产远景调查、中蒙跨境成矿带1∶100万系列地质图编制、蒙古国古生代岩浆演化与铜成矿作用、蒙古国东方省铅锌多金属矿资源潜力评价等。

张文秦，男，1953年7月出生，1968年11月参加工作，2015年1月退休，中共党员，博士研究生，正高级工程师（二级）。曾任天津地质调查中心（天津地质矿产研究所）副主任（副所长）、中国地质学会勘查地球化学专业委员会委员、天津市矿业协会副会长、《地质调查与研究》主编。1996年获得国务院政府特殊津贴，1996年获得青海省第二届青年科技奖，2001年被评为中国地质调查局中青年优秀人才，获得省部级勘查成果奖二等奖1项，曾获得中国地质调查局优秀

共产党员、青海省地质矿产勘查开发局先进工作者等荣誉。主持并开展了华北地区地质调查项目工作部署和规划研究、华北地区地质调查项目组织实施费、地质调查阶段性成果跟踪及转化、华北地区矿产资源潜力评价等多个地质大调查项目,取得优异的成果。

苗培森,男,1958年10月出生,1982年8月参加工作,2018年12月退休,中共党员,博士研究生,正高级工程师(二级)。享受国务院政府特殊津贴。现任全国地层委员会委员、中国地质学会构造地质学与地球动力学专业委员会委员、区域地质及成矿专业委员会委员,国际地球科学计划(IGCP675)项目成员,《地球学报》和《华北地质》编委。曾任天津地质调查中心总工程师、地质调查部主任、中国地质学会前寒武纪地质专业委员会副主任委员、全国地层委员会地层分类及地层名称审核分委员会委员、前寒武系分委员会工作组成员,山西省能源协会理事,天津市地质学会理事,《地质调查与研究》主编。现主持科技部国家重点研发计划"深地资源勘查开采"重点专项"北方砂岩型铀能源矿产基地深部探测技术示范"项目,参加国家重点基础研究发展计划"973"项目1项,主持完成省部级地质调查和科研项目10余项。获国土资源科学技术奖一等奖1项,中国地质调查局地质科技奖一等奖2项,地质矿产部勘查成果奖二等奖1项、部特优图幅奖1项(项目负责人)。发表论文80余篇,内容涉及早前寒武纪地质、构造地质学、地层学、岩石学、矿床学等。主笔专著《恒山中深变质岩区构造样式》《华北陆块前寒武纪沉积变质型铁矿床》《砂岩型铀矿流体耦合成矿作用》。获得第四届中国地质学会青年地质科技奖银锤奖和山西省劳动竞赛委员会授予的山西省优秀科技工作者、中国地质调查局中青年优秀人才、天津市科学技术工会授予的"十一五"立功先进个人荣誉称号。2008年被天津市科学技术局工会授予天津市科技系统五一劳动奖章。

金若时,男,1958年10月出生,1974年11月参加工作,中共党员,硕士研究生,正高级工程师(二级),享受国务院政府特殊津贴。现任中国地质学会理事,《中国地质》编委,国家自然科学基金委员会重点支持项目负责人。曾任天津地质调查中心(天津地质矿产研究所)主任(所长),中央地质勘查基金华北项目监理部总监理工程师,《地质调查与研究》编委会主任,天津地质学会副理事长,黑龙江省地质学会理事,中国岩矿测试学会常务理事,黑龙江省青年企业家协会副会长,黑龙江省地质企业家协会会长。主持完成国家级、省部级科研和地质调查项目10余项,主要有国际地

球科学计划(IGCP675)铀矿项目、科技部"973"计划铀矿项目、基金委铀矿重点项目、北方砂岩型铀矿调查工程等;推行了大项目机制,首次在全国推广煤、油田钻孔资料"二次开发"的砂岩型铀矿勘查新思路,为国家提交砂岩型铀矿推断资源量××万吨,产生了较大的社会和经济效益。首次提出"中国北方大规模砂岩型铀成矿作用""红黑岩系耦合控矿""跌宕成矿""盆内隆缘控矿"和"含铀岩系垂直层序"等原创性认识,对于完善砂岩铀成矿体系、加快我国铀矿找矿进程具有重要意义。被授予全国五一劳动奖章、天津市劳动模范、天津市优秀科技工作者标兵、中国地质调查局卓越地质人才、黑龙江省优秀青年企业家、黑龙江省优秀共产党员、内蒙古自治区"三三三人才引进工程"首席专家、内蒙古草原英才等荣誉称号。

赵凤清,男,汉族,1961年4月出生,1982年8月参加工作,2021年5月退休,博士研究生,研究员(二级)。曾任天津地质调查中心副主任、《地质调查与研究》主编、中国地质学会前寒武纪地质专业委员会委员、区域地质及成矿专业委员会委员、中国矿物岩石地球化学学会会员、华北地区地质调查项目办公室技术处处长、中国地质调查局前寒武纪地质研究中心主任、综合研究室主任、基础地质调查院院长、国际地球科学计划IGCP426项目中国工作组组长。长期从事前寒武纪地质、岩石地球化学和基础地质调查工作,主持完成了"华南北区深部地壳结构及演化""祁连山地区元古宙盆地演化及成矿作用耦合性研究"等项目,先后担任"晋冀成矿区地质矿产调查""华北古生代以来重要地质事件与成矿作用关系"项目负责人,"华北陆块及周缘地质矿产调查"工程首席专家。发表论文近80篇,出版专著5部,向国内外学术会议提交论文摘要10余篇,其中有3篇论文在第30届国际地质大会专题分会上宣讲。1996年被天津市委、市政府授予"爱国爱市、创业成才"优秀青年知识分子荣誉称号。1999年入选地质矿产部"百名跨世纪人才工程",2001年获评中国地质调查局首批优秀中青年人才,先后获部级科技成果奖二等奖2项、三等奖1项。

赵更新,男,1961年8月出生,山西省汾阳市人,1983年8月参加工作,2021年8月退休,中共党员,博士研究生,正高级工程师(二级)。曾任新疆地矿局物化探大队总工程师、中国地质调查局华北项目办专职副主任(天津地质调查中心副总工程师)。先后承担20项物化探、综合研究及国际合作项目。发现或参与发现大型砂岩铀矿(新疆)、锑金矿、金矿、铜矿、多金属、钾盐、隐伏铁矿等矿床10余处。曾率先探索试验超低密度地球化学调查,在津巴布韦取得全国、调查

区、重点异常等多尺度的战略成果和找矿突破。创新深部隐伏铁矿勘查技术,并推广应用,实现冀东铁矿大规模增储。创新重、磁资料在资源潜力评价中的应用。出版了《黄淮海平原地球化学图集》,负责编制了《京津冀国土资源与环境地质图集》《华北自然资源图集》,合作编制了《全国油气重力资料应用图集》。出版专著6部,发表论文30余篇。曾获国土资源部科技成果奖一等奖1项、二等奖2项、三等奖2项,中国地球物理科技进步奖二等奖1项,中国地质调查局地质科技奖一等奖2项、二等奖3项。曾获新疆维吾尔自治区人民政府授予的"八十年代优秀大学生"(1991),国土资源部"'十二五'科技创新先进个人"(2015)等荣誉称号。

三级技术岗位人员(按姓氏笔画排序): 马震、王存贤、冉书明、司马献章、刘永顺、孙立新、李承东、李建芬、肖国强、谷永昌、辛后田、陈安蜀、周红英、徐铁民、覃志安

马震,男,1966年4月出生,山东德州人,1988年6月参加工作,中共党员,大学本科,正高级工程师(三级)。中国地质学会地质灾害研究分会委员、地质灾害防治分技术委员会(SC2)委员。参加完成的地质调查成果获国土资源科学技术一等奖和二等奖各1项,获山东省科学技术三等奖1项,获中国地质调查成果奖一等奖2项、二等奖1项,负责的雄安新区综合地质调查入选中国地质学会2017年度"十大科技进展"。发表论文10余篇。2015—2021年被评为中国地质调查局杰出人才。

王存贤,男,1962年5月出生,河南内乡人,1982年9月参加工作,2022年5月退休,大学本科,教授级高级工程师(三级)。曾任天津地质调查中心规划处副处长,主要从事固体矿产地质勘查研究与管理工作。先后主持开展煤、铜、金、铁、多金属等矿产的地质勘查及研究,提交了多份矿产资源地质勘查报告,发表论文数篇。近年来主要从事地质调查项目、中央地质勘查基金项目技术业务管理和技术指导工作。

冉书明,男,1961年2月出生,辽宁锦县人,1984年8月参加工作,2021年3月退休,中共党员,硕士研究生,正高级工程师(三级)。曾任华北地区地质调查项目管理办公室规划处副处长。长期从事1∶5万区域地质调查,矿产地质调查,矿产普查、详查,综合研究

及技术管理工作。主持或参加多个部管与部级属不同概念项目、国家重点基金项目、省级项目及横向项目。其中完成的金矿普查、详查，铜矿普查，水泥灰岩普查、详查，铁矿、菱镁矿、硅石普查，玉石评价、花岗石矿普查、铁矿闭坑勘查，开采单位效益和社会效益良好。提交全国矿产储量委员会登记小型金矿 1 处、中型水泥灰岩矿 1 处、中型菱镁矿 1 处、小型铜矿 1 处等。

司马献章，男，1963 年 4 月生，河南偃师人，1984 年参加工作，中共党员、九三学社社员，硕士研究生，正高级工程师（三级）。现任天津地质调查中心副总工程师。获部级科技进步奖一等奖 1 项，三等奖 4 项，获中国地质调查局、中国地质科学院年度地质调查十大进展 3 次。获国土资源部先进个人、天津市五一劳动奖章、中国地质调查局李四光学者（卓越人才）等荣誉称号。带领的团队创新了陆相盆地砂岩型铀矿断隆-油水界面-古河床成矿理论和找矿技术方法体系；发现陆海、塔然高勒特大型及大中型等铀矿产地 10 余处；在豫西创新了识别隐伏花岗伟晶岩型铀矿的技术，首次发现铀成矿带；发现特大型、大型铁和有色金属矿产地多处；在豫西发现非常规石油储层。发现 4 个新矿物，提交优秀报告多部；撰写论文、专著数 10 篇（部）。

刘永顺，男，1962 年 3 月出生，河北滦州人，1983 年 8 月参加工作，2022 年 4 月退休，中共党员，大学本科，正高级工程师（三级）。曾在河北省区域地质矿产调查研究所工作，后调入天津地质调查中心，曾任基础地质调查院副院长、院长、技术处处长。长期从事地质调查研究和项目技术管理工作，主持完成省部级区域地质调查和基础地质科研项目 10 余项。发表论文 20 余篇，出版专著 3 部。获中国地质调查成果奖二等奖 1 项、全国区域地质调查优秀图幅展评三等奖 2 项、天津市地质学会地质科学技术奖一等奖 1 项。

孙立新，男，1964 年 11 月出生，河北青县人，1988 年 7 月参加工作，中共党员，博士研究生，研究员（三级）。现任中国地质调查局天津地质调查中心基础地质室副主任。长期从事地层古生物、前寒武纪地质研究和区域地质调查工作。先后参加国家"973"项目和主持国家自然科学基金项目、地质调查与科研项目等 20 余项，参加完成的科研成果获国土资源科学技术一等奖、中国地质调查局地质科技一等奖各 1 项，发表论文 50 余篇，出版专著 5 部。对华北中新元古代地层、古生代—中生代地层、兴蒙造山带中前寒武纪地质和西藏雅鲁藏布缝合带地层开展了大量的研究，取得了一批原创性研究成果。

李承东,男,1963年1月出生,河北三河人,1981年8月参加工作,中共党员,博士研究生,正高级工程师(三级)。现任天津地质调查中心基础地质室副主任,主要从事造山带研究,《华北地质志》主编,主持《华北地质志》编写工作。先后主持和参与20多个国家级及省部级包括国家自然科学基金等科研项目,科研成果获得原地质矿产科学成果奖三等奖、河北省科技成果奖三等奖各1项,发表论文50多篇,出版专著4部。

李建芬,女,1967年5月出生,河北灵寿人,1987年7月参加工作,博士研究生,正高级工程师(三级)。现在天津地质调查中心海岸带与第四纪地质室(中国地质调查局铀矿研究中心)(中国地质调查局海岸带地质环境重点实验室)工作。曾任中国第四纪科学研究会海岸与海洋专业委员会委员,部首批"科技创新团队"成员,2008年所在团队获全国五一劳动奖状。先后承担省部级调查研究项目多项、"973"协作项目1项、国家自然科学基金会上项目1项。获省部级二等奖1项、三等奖2项、中国地质调查局地质科技奖二等奖1项。发表论文70余篇。

肖国强,男,1964年10月出生,河北石家庄人,1984年7月参加工作,中共党员,博士研究生,正高级工程师(三级)。先后担任河北省地质环境监测总站副站长、总工程师,中国地质调查局天津地质调查中心水文地质环境地质调查院副院长、海岸带与第四纪研究室主任、中心副总工程师,海岸带综合地质调查工程副首席专家、首席专家。先后主持河北平原地下水开发引起的环境地质问题及其对策研究、华北平原地下水资源评价、环渤海重点地区地质环境脆弱性调查评价、天津滨海新区围填海工程环境影响调查、海岸带综合地质调查工程等大中型项目10余项,主编《中国地质志(环渤海志)》,获省部级科技成果奖4项,发表论文10余篇。2018年获评中国地质调查局优秀地质人才。

谷永昌,男,1956年5月出生,1974年2月参加工作,2016年6月退休,中共党员,大学本科,正高级工程师(三级)。曾任河北省区域地质矿产调查研究所总工程师,华北项目办技术处副处长,天津地质调查中心地质调查部副主任、基础地质调查院院长。中国地质调查局地质调查项目监审专家,中央地质勘查基金项目监理工程师,《地质调查与研究》期刊编委。长期从事基础地质调查与科研工作,主持完成省部级地质调查和科研项目 10 余项。曾获全国区域地质调查优秀图幅展评一等奖 1 项、三等奖 1 项,河北省国土资源成果奖二等奖,河北省地质勘查局科技进步奖一等奖,天津市地质学会科技进步奖一等奖。发表论文 20 余篇,出版专著 4 部。

辛后田,男,1969 年 1 月出生,江苏沛县人,1992 年 7 月参加工作,中共党员,博士研究生,正高级工程师(三级)。曾任中国地质调查局华北项目办技术处副处长(主持工作)、天津地质调查中心基础地质室主任,现任沈阳地质调查中心副主任、党委委员。研究领域为区域岩石大地构造,主要研究方向为前寒武纪基底形成演化、兴蒙造山带洋陆转换和陆壳增生、大兴安岭晚中生代构造岩浆作用与资源效应。曾获天津地质调查中心首届岗位标兵、国土资源部青藏高原地质理论创新与找矿重大突破先进个人和中国地质调查局首批首席地质填图科学家等称号。先后主持 4 个区调、矿调项目和多个综合研究项目,成果获中国地质调查局科技成果奖一等奖、二等奖共 6 项。发表论文 60 余篇。

陈安蜀,女,1963 年 10 月出生,安徽人,1987 年 7 月参加工作,中共党员,大学本科,正高级工程师(三级)。现任天津地质调查中心信息化室主任、中国地质学会地质制图与地理信息专业委员会委员、天津市科学技术情报学会理事。参加完成的 30 多个地调科研项目,获国土资源部科技成果奖二等奖 5 项,天津市地质学会地质科学技术奖一等奖 1 项,中国地质调查局地质科技奖一等奖 1 项、二等奖 1 项,中国地质调查成果奖二等奖 2 项,中国信息化(国土资源领域)成果奖二等奖、三等奖各 1 项,地理信息科技进步奖二等奖 2 项。发表论文 30 余篇,出版专著 4 部和图集 3 套。先后获得天津市科技系统女职工建功立业标兵、天津市最美科技巾帼、天津市三八红旗手等荣誉称号。

周红英,女,1966 年 1 月出生,内蒙古人,1987 年 8 月参加工作,中共党员,博士研究生,正高级工程师(三级)。曾任天津地质调查中心实验测试室主任,主要从事同位素地质年代学及地球化学研究工作,进行 Sr-Nd 同位素、含铀矿物 U-Pb 同位素定年研究以及测年标样的研制。先后主持完成国家自然科学基金面上项目 3 项、国土资源部公益科研专项 1 项和地质调查项目 2 项,同时参加完成了数个国家自然科学基金项目、公益科研专项、国家重点基础研究发展"973"计划项目、国家重点研发计划专项及地质调查项目。目前担任中国地质学会同位素地质专业委员会第七届委员会委员、中国地质学会前寒武纪地质专业委员会委员、中国矿物岩石地球化学学会第十届专业（工作）委员会同位素地球化学专业委员会委员、微束分析测试专业委员会委员、第九届中国地质学会岩矿测试技术专业委员会委员、河北省矿产资源与生态环境监测重点实验室学术委员会委员和天津市分析测试协会理事。发表论文70余篇，其中以第一作者身份发表学术论文12篇，荣获2021年度中国地质调查局"百篇优秀论文"奖。翻译论文1篇，国内会议摘要数篇。出版专著1部，获国土资源部科技成果奖二等奖。

徐铁民，男，1962年10月出生，黑龙江省富锦人，1987年8月参加工作，2022年10月退休，硕士研究生，正高级工程师（三级）。曾任天津地质调查中心实验测试室质量负责人、技术负责人、副主任，中国计量测试学会地质矿产实验测试分会副会长。先后主持完成了国家重点研发项目、省部级以上科研研究项目10余项。成功研制珍珠岩、海泡石成分分析国家一级标准物质，填补了国内外的空白，也填补了天津地质调查中心在研发国家一级标准物质方面的空白；在地质样品超细分析领域取得了进展，获得了地勘行业的广泛认可和好评，有效提高了我国超细分析领域的技术水平。完成横向开发项目10余项，发表论文30余篇。

覃志安，男，1962年8月出生，广西柳城人，1982年7月参加工作，2022年8月退休，中共党员、中国民主同盟盟员，博士研究生，正高级工程师（三级）。曾任西藏自治区地质矿产勘查开发局副局长、华北地区地质调查项目管理办公室技术处副处长、天津硅酸盐学会常务理事、天津市政协委员、民盟天津市委会委员、科技总支主委。参加完成的科研项目两次获国土资源部科技进步奖二等奖，发现了中国的球黏土，发表论文50余篇，出版专著3部，向国内外学术会议提交论文摘要10余篇。提交政协提案100多份，两次获政协活动积极分子奖、3次获优秀提案奖。1998年被天津市政府和国家民族事务委员会授予民族团结进步模范称号。2010年被国土资源部授予国土资源系统援藏工作先进个人称号。

第五节　团队建设

一、铀矿地质调查研究团队

铀矿地质调查研究团队以中、新生代陆相盆地砂岩型铀矿为主要研究对象,兼顾重点成矿带硬岩型铀矿,拥有"中国地质调查局铀矿研究中心"与"中国地质调查局铀矿地质重点实验室"科研平台,先后承担多项国家地质调查项目,取得了丰硕的找矿成果。同时,获批了国际地球科学计划项目、国家"973"计划项目、国家重点研发计划项目、自然科学基金委重点支持项目以及其他横向科研项目近40项,创新提出了砂岩型铀矿"红黑"岩系耦合沉积控矿、盆内隆缘控矿、跌宕成矿模式、"流体耦合"成矿、"油-水界面"控矿等系列原创性理论成果。获得省部级和行业协会荣誉和科技奖项9项,发表科技论文200余篇,其中SCI/EI收录70余篇,出版专著2部,申请专利5项。

团队现有人员30人,其中正高级职称8人、高级职称10人,国际地球科学计划项目首席科学家1人,国家级项目首席科学家2人,自然资源部高层次科技创新人才工程青年科技人才1人,中国地质调查局卓越人才2人、优秀地质人才3人、青年地质科技奖——银锤奖1人。同时,与法国、加拿大、澳大利亚、俄罗斯、赞比亚等国家开展广泛合作交流,统筹协调核工业、煤田、油田系统以及高等院校、科研院所等70多家单位的科研人员,共同建成了集"产学研用"于一体的铀矿地质调查和科研团队。

专业方向:含铀岩系沉积环境研究、构造与铀成矿作用研究、含铀流体演化与铀成矿作用研究、有机质与铀成矿作用研究、砂岩型铀矿找矿技术方法组合研究、铀矿物测年方法及应用研究。

团队负责人:金若时、程银行。

核心成员:苗培森、司马献章、俞礽安、汤超、朱强、徐增连、陈印、赵华雷、陈路路、滕雪明。

二、战略性矿产资源调查研究团队

战略性矿产资源调查研究团队以华北7个成矿带为调查研究对象,开展矿产地质调查、科学研究以及矿产地质新理论、新技术、新方法等创新研究工作,在燕山-太行铁矿、中条山铜矿、胶东金矿、华北陆块北缘铜(铅、锌)等多金属、华北三稀矿产、盐湖锂资源调查等方面得取得了一批创新性成果。

近十年来,团队承担国家地质调查项目、国家自然科学基金和科技部重点研发计划课题、专题,其他横向及科技成果转化项目15项,特别是在中蒙成矿带研究方面获批国际合作项目1项,提交新发现矿产地7处,获省部级科研奖励4项,发表学术论文63篇,其中SCI/EI收录29篇,出版专著6部。

团队现有16人,其中正高级职称5人,副高级职称9人,中国地质调查局优秀地质人才1人,博士(含在读)5人。

专业方向:前寒武纪地质与成矿、中生代构造-岩浆演化与大规模成矿、战略性矿产调查评价、三维建模与找矿预测技术集成与应用。

团队负责人:李俊建、李效广、付超。

核心成员:冯晓曦、李志丹、党智财、魏佳林、张锋、李光耀、康健丽。

三、海岸带与第四纪地质调查研究团队

海岸带与第四纪地质调查研究团队于2017年被确定为自然资源部第一批科技创新团队,主要以海岸带与第四纪地质环境变化为研究方向,开展多学科的综合地质调查、监测、评价等工作,拥有"天津市海岸带地质过程与环境安全重点实验室"与"中国地质调查局海岸带地质环境变化重点实验室"科研平台,在陆海统筹浅地层结构调查研究、海岸带地质作用过程与生态环境效应、海岸带重大工程环境影响、海岸带地质灾害研究、全球气候变化对比研究、地质年代学研究(包括OSL测年、^{210}Pb测年、^{137}Cs测年、古地磁)等方面取得了一批创新性成果,是支撑引领中国地质调查局海岸带地质工作的核心队伍。

近十年来,团队承担全国海岸带综合地质调查工程等系列地质调查项目,在第四纪海侵、气候变化、地质环境等领域获批了国家自然科学基金和科技部重点研发计划课题、其他横向及科技成果转化项目23项,获得省部级科研奖励3项,发表学术论文130余篇,其中SCI/EI收录28篇。

现有人员12人,其中正高级职称6人,副高级职称3人,中国地质调查局优秀地质人才1人,博士8人。

专业方向:海岸带晚更新世海陆演化过程、全新世海面变化重建及气候沉积记录、近现代地表环境变化与人类活动相互作用等。

团队负责人:肖国强、王福。

核心成员:王宏、孙晓明、胡云壮、田立柱、杨吉龙、李建芬、商志文、陈永胜。

四、前寒武纪地质调查研究团队

前寒武纪地质调查研究团队以前寒武纪变质地质作用为主要研究方向,依托中国地质调查局前寒武纪地质研究中心、中国地质学会前寒武纪地质专业委员会和第四届全国地层委员会前寒武系分委员会中元古界工作组开展研究,在我国早前寒武纪岩浆-变质-

构造演化、成矿条件、中新元古界年代地层格架以及早期生命演化等方面取得了一系列重要成果,是国内外有较大影响的特色学科研究团队。

近十年来,团队围绕前寒武纪研究领域开展调查研究工作,获批国家地质调查项目、国家自然科学基金项目、科技部重点研发计划课题与科技基础性工作专项课题及其他横向项目25项,发表学术论文100余篇,其中SCI/EI检索45篇。荣获国土资源部科学技术奖二等奖1项,入选中国地质调查局地质科技十大地质科技&地质找矿进展、中国地质学会中国古生物学十大进展、中国古生物学会十大进展,获评中国地质调查局地质调查优秀图幅2幅。

团队现有人员17人,其中正高级职称7人,副高级职称7人,中国地质调查局优秀地质人才1人及填图科学家2人,博士后1人。

专业方向:早前寒武纪地质研究、晚前寒武纪年代地层及沉积学、前寒武纪矿床学、变质地质学、前寒武纪地球化学、前寒武纪构造地质学、前寒武纪地球表层环境与宜居性演化。

团队负责人:王惠初、相振群、初航。

核心成员:沈保丰、陆松年、李怀坤、周红英、钟焱、张家辉、施建荣、田辉、任云伟、常青松、张阔、佟鑫。

五、基础地质调查研究团队

基础地质调查研究团队主要以华北陆块及周缘造山带研究为主要方向,在岩石、构造、地层、古生物、地质环境演化调查研究等方面取得了一系列创新性成果。同时,致力于探索基础地质调查工作转型升级,不断提升基础地质工作直接服务国家经济社会发展的能力与水平。

近十年来,团队在华北陆块北缘、内蒙古中西部、大兴安岭南段及豫西成矿带等区域承担国家地质调查项目、国家自然科学基金项目、科技部重点研发计划课题10余项,发表学术论文120余篇,其中SCI/EI收录27篇,获得省部级科研奖励1项。荣获"天津市青年文明号"称号、天津市地质学会地质科学技术一等奖,获评中国地质调查局优秀图幅4幅。

团队现有22人,其中正高级职称5人,副高级职称12人,博士4人,填图科学家3人。

专业方向:岩石矿物、构造、地层与古生物,古生代洋陆转换过程与资源环境效应,中生代构造体制转换与资源环境效应,第四纪地质演化与资源环境效应。

团队负责人:刘洋。

核心成员:孙立新、李承东、袁桂邦、胥勤勉、王树庆、任邦方。

六、南部非洲国际合作地质调查研究团队

南部非洲国际合作地质调查研究团队组建于2011年,开展南部非洲重点矿种全产

业链跟踪、战略性矿产时空分布规律、资源潜力调查、重点区矿业开发布局研究等工作，在南部非洲地区地质矿产调查等方面取得了一批创新性成果。

近十年来，团队承担中华人民共和国商务部技术援助项目、地质调查项目、中央地勘基金境外风险勘查基金项目、科技部重点研发计划专题、国家自然科学基金青年科学基金项目、其他横向项目与成果转化项目 26 项，相关成果获得省部级科研奖励 4 项，发表 SCI、EI 及中文核心以上期刊学术论文 100 余篇。获国土资源科学技术奖一等奖 1 项、二等奖 2 项，中国地质调查局地质科技奖二等奖 2 项，中国地质调查局地质科技十大进展 2 项。2019 年，团队 11 人荣获赞比亚矿业部颁发的"中赞地学合作突出贡献奖"，这是除中国援赞医疗队外赞比亚政府第二次为中国项目颁发该类奖项。

团队现有 17 人，其中正高级职称 4 人，副高级职称 9 人，中国地质调查局优秀地质人才 2 人，博士（含在读）6 人，获国家自然科学基金委留学资助 1 人。

专业方向：南部非洲成矿背景与条件调查、战略性矿产综合评价与靶区优选、资源经济技术评价与投资环境研究。

团队负责人：王杰、任军平。

核心成员：刘晓阳、孙凯、古阿雷、许康康、孙宏伟、张航、曲凯。

七、水文地质与水资源调查团队

水文地质与水资源调查团队组建于 2022 年，前身为水文地质环境地质团队。统筹开展华北重点地区水文地质与水资源调查评价工作，以海河北系、内蒙古内陆河流域、海河流域水资源及生态效应为主要调查研究方向，开展与水资源相关的水文地质调查、监测、评价、区划及相关研究工作，建立了华北重点流域地下水监测网、典型地段海水入侵监测网，在水循环演化、水化学形成机理、水生态与水平衡、遥感水文地质调查等领域积累了丰富的工作经验和重要成果。

近十年来，团队承担国家自然科学基金项目、地质调查项目、其他横向及科技成果转化项目 6 项，相关成果获得省部级科研奖励 2 项，发表学术论文 30 余篇，其中 SCI/EI 收录 7 篇。

团队现有 10 人，其中正高级职称 1 人，副高级职称 6 人，中国地质调查局优秀地质人才 1 人，博士 8 人。

专业方向：水文地质与水资源调查、水循环演化、遥感水文地质调查、水生态与水平衡、水资源区划与配置研究。

团队负责人：柳富田。

核心成员：谢海澜、陈社明、夏雨波、张竞、张卓、孟庆华、蒋万军、宁航。

八、国土空间综合地质调查研究团队

国土空间综合地质调查研究团队成立于 2022 年，继承了原水文地质环境地质室主要业务,主要开展区域水工环综合地质调查、城市地质安全调查、地质灾害调查、国土空间综合调查等,支撑服务国土空间规划、用途管制与生态保护修复,在多要素城市地质调查、环境地质调查、地质灾害防控等方面取得了一系列成果,为京津冀协同发展宏观决策、雄安新区和北京城市副中心规划建设提供了重要的地质依据。

近十年来,团队组织实施了京津冀一体化发展地质调查保障、京津冀协同发展区综合地质调查、雄安新区综合地质调查3个地质调查工程,承担公益性地质调查项目8项、其他横向及科技成果转化项目3项,相关成果获得省部级科研奖励3项。

现有人员11人,其中正高级职称4人,副高级职称5人,博士、硕士8人。1人获得中国地质调查局杰出地质人才称号,1人获得中国地质调查局优秀地质人才称号。

专业方向:国土空间综合研究、城市地质安全、环境地质与地质灾害。

团队负责人:马震、刘宏伟。

核心成员:杜东、苗晋杰、孟利山、白耀楠、韩博。

九、自然资源遥感调查监测团队

自然资源遥感调查监测团队为2021年新组建的团队,秉承以地球系统科学为指导,以遥感为主要技术手段,承担华北地区自然资源调查、监测、评价、区划和科学研究工作,协调开展华北地区自然资源专项调查、应急调查和自然资源监测体系建设等工作,常态化支撑服务自然资源部矿政执法、生态保护修复监管、国土空间用途管制、国家自然资源督察等工作。团队承担国家地质调查项目1项、课题3项。

现有人员18人,其中正高级职称4人,高级职称5人,博士3人,是一支富有朝气的综合调查监测与综合研究队伍。

专业方向:多门类自然资源调查监测,重点发展热红外遥感、植被高光谱遥感、地表物质成分信息高光谱识别、大气遥感与碳循环应用、InSAR应用等5个遥感研究方向。

团队负责人:赵更新、杨俊泉。

核心成员:刘永顺、王威、刘晓雪、刘欢、胡晓佳、赵丽君、张云、段霄龙、汪翡翠、陈东磊等。

十、地质大数据与智能服务应用团队

地质大数据与智能服务应用团队以"地质云"华北分节点建设为抓手,开展云计算、大数据、人工智能等信息技术与地质调查专业融合应用服务相关研发工作,在地球科学大数据中心建设、辅助决策支持软件研发以及地球科学信息产品公共服务方面积累了一批优秀创新性成果,在华北地质调查转型发展中起到核心驱动作用。

近十年来,团队承担地质信息化项目5项,发表学术论文18篇,相关成果获得省部级及行业奖励地理信息科技进步奖二等奖5项,获得软件著作权25项。团队获得中国地质调查局"十三五"信息化优秀团队、天津市"三八红旗集体"、天津市"巾帼文明岗"等荣誉称号。

现有人员17人,其中正高级工程师3人,高级工程师7人,所学专业涉及地理信息系统、地质学、水工环等。

专业方向:地球科学大数据中心建设、地质信息服务产品研发共享、地质辅助决策软件研发。

团队负责人:陈安蜀、李磊。

核心成员:王小丹、郑锦娜、彭丽娜、杨君、黄垒、邓凡。

十一、物化探勘查团队

物化探勘查团队于2008年初组建,是一支以高新技术装备武装的勘查地球物理地球化学和遥感地质调查专业技术队伍,主要服务于华北地区基础地质、战略性矿产资源与环境地质等领域的调查与研究,是地质调查与研究向深地、深空领域进军的重要技术支撑。

现有人员17人,其中正高级工程师2人,高级工程师8人,博士5人。获得国土资源科技进步奖二等奖3项,中国地质调查局地质科技奖二等奖3项,其他奖项2项。目前开展的方法有:重力测量、磁法测量、电阻率法、激发极化法(IP)、频率域极化法(SIP)、电磁阵列剖面法(EMAP)、EH4方法、CSAMT、TEM、高密度电法等时间域和频率域电法,人工地震勘探,地球化学勘查,土地质量地球化学调查,遥感解译等。

专业方向:地球物理、地球化学调查为主,主要有重力、磁法、电法、地震、化探等方面调查研究。

团队负责人:张国利。

核心成员:苏永军、张素荣、滕菲、高学生、刘继红、范翠松、黄忠峰、曹占宁、胡婷。

十二、实验测试团队

实验测试团队是中国地质调查局地质矿产检测鉴定的专业研究团队,拥有国家级检验检测机构资质认定证书(CMA),检测范围涵盖基础地质调查、矿产资源勘探、水文地质和生态环境等多个领域,可进行近千个项目的分析检测。主要承担岩石矿物化学分析、地质年代学研究、岩矿鉴定和水质分析等工作。团队以同位素地质年代学和同位素地球化学为研究特色,高精度 ID-TIMS U-Pb 测年技术在国内外同行业实验室中处于领先地位。Rb-Sr、Sm-Nd 以及含铀矿物 U-Pb、Lu-Hf 同位素分析技术方法和测年标样研制在国内外同行业处于领先水平。

近十年来,团队承担科研与地质调查项目共计36项,其中国家自然科学基金项目11项,科技部国家重点研发计划项目2项,科技部基础平台项目1项,部公益性行业科研专项3项,地质调查项目17项,重点实验室开放基金项目2项,发布行业标准(铀矿化学分析方法)2项,筹备组织了两次同位素学术会议。2019—2020年实验测试团队连续两年荣获天津地质调查中心先进集体荣誉称号。10人次获得中国地质学会青年科技论坛一等、二等和优秀奖,2人学术论文获得中国地质调查局"百篇优秀论文"奖,1项地质调查成果获得国土资源科学进步奖。实验测试团队以第一作者身份发表专业论文共116篇,其中SCI论文17篇,EI论文5篇,中文核心期刊69篇、一般期刊25篇。同时组织编印了《地质调查与研究》和《岩矿测试》两期学术论文专辑。

目前实验测试团队现有人员27人,其中正高级工程师3人,高级工程师14人,博士4人。

专业方向:同位素地质年代学和同位素地球化学、化学分析、岩矿鉴定和矿物分析、水质分析。

团队负责人:周红英。

核心成员:耿建珍、吴磊、张莉娟、涂家润、刘文刚、曾江萍、魏双。

第六节 2013年以来主要出版物

1.《中华人民共和国多目标区域地球化学图集——海河流域平原区》(2013年7月),赵更新等著。

该书是海河流域平原区1:250 000多目标区域地球化学调查的重要成果之一,它全面展示了海河流域平原区表层土壤、深层土壤中多种元素和指标的空间分布状况及含量水平;所提供的土壤地球化学分区、土壤环境质量、土壤化学蚀变指数、土壤碳密度、土地肥力、环境健康及土地质量地球化学分等等多种应用性图件,是土地规划与管护、农业种植结构调整、环境保护、地方病防治、资源勘查、全球变化及第四纪地质研究的重要基础资料。可供从事地球化学、土壤学、环境学、农学、医学、全球变化等专业的教学和科研人员及制定土地管理相关政策法规的政府部门参考使用。

2.《中国海岸带环境地质图 1:4 000 000》(2013年7月),中国地质调查局天津地质调查中心孙晓明等著。

该书在全面分析、系统总结我国海岸带环境地质调查研究成果的基础上,综合反映了我国海岸带区域性地质环境基本特征、主要环境地质问题与地质灾害、近岸海域水文条件以及人类工程-经济活动强度。阐述了中国海岸带环境地质图编制的范围、主要内容及主要区域地质环境特征。

3.《高光谱遥感技术原理及矿产与能源勘查应用》(2013 年 9 月),汪大明等主编。

该书主要介绍了高光谱遥感基本原理和高光谱遥感信息获取及处理技术方法,涵盖了宽幅高光谱成像仪载荷研制,星载高光谱成像数据模拟、定标与处理,高光谱地质应用系统建设与典型应用示范等技术专题及应用案例分析。全书以地质应用需求为牵引,在统一的线索下,为读者展现了载荷研制、数据处理与地质应用技术的全貌,可供广大从事高光谱地质遥感的专业技术人员参考。

4.《蒙古地质矿产概况》(2013 年 11 月),李俊建主编。

该书介绍了蒙古的自然地理特征和社会、政治、经济状况,介绍了蒙古地质矿产工作程度,较详细阐述了蒙古地质构造、岩浆岩特征和构造演化,阐述了蒙古矿产资源概况、主要矿床类型特征及成矿区划等内容;分析了蒙古主要矿产资源成矿找矿前景和在蒙古从事矿产勘查的有利条件与不利因素,初步提出了主要矿产找矿方向及勘查与开发建议和在蒙古从事矿产勘查的投资风险与建议。

5.《蒙古地质矿产研究进展》(2013 年 11 月),李俊健等编译。

该书由 34 篇论文组成,以大量实际资料为基础,论述了蒙古大地构造、地层、岩浆作用、成矿区带划分和矿床模型,研究了南蒙古和阿勒泰成矿带的区域成矿地质背景、成矿条件、成矿规律和蒙古国铜、钼、金、银、锑、汞、钴、稀有金属等矿床的成矿作用和典型矿床特征。

6.《环渤海地区地下水资源与环境地质调查评价》(2013 年 12 月),孙晓明等著。

该书反映了中国地质调查局地质大调查部署的环渤海地区地下水资源与环境地质调查评价的项目成果,较系统全面地论述了环渤海地区的地质环境条件、地下水资源及合理开发利用对策,以及主要环境地质问题与防治对策。

7.《中国变质岩大地构造图(1∶2 500 000)》(2015 年 12 月),陆松年等主编。

该书是以板块构造学说、大陆动力学、变质地质学和成矿系列理论为指导,以省级 1∶250 000 实际材料图、建造构造图和 1∶500 000 变质岩大地构造图为基础,通过对变质岩岩石构造组合的综合分析,总结不同时代、不同地质构造单元变质岩岩石构造组合形成变质条件、形成时代、变质时代和大地构造环境(大地构造相)。通过全面系统收集分析前人资料,系统总结全国各省级和大区级成矿背景调查研究的相关成果,针对中国变质岩大地构造编图中凸显的重大关键地质问题,选择关键地区进行野外考察和研究。通过编图与综合研究工作,比较系统地阐述了中国变质岩大地构造的时空演化特征,提出了一系列新认识,为中国大地构造和成矿地质背景提供了重要新信息和新依据。可供地球科学领域科研、教学、地质调查、矿产资源勘查等相关工作者参考。

8.《渤海湾西岸环境地质图集》(2016 年 8 月),李凤林等著。

该图集由 15 幅图件和详尽的文字说明组成,涉及渤海湾西岸的遥感影像、前第四纪与第四纪地质、新构造、地貌(地表形态、水系、湿地)、海岸线与海陆变迁、考古及气象等内容。对顺直水利委员会 20 世纪初期地形图经数字化处理,并按 0.5m 等高线间距精细着色"20 世纪初地表形态图",详尽地描绘了自然景观在现代大规模人类活动前夜的"最后一幕",提供了进行环境变化比较研究的"本底"。

9.《中华人民共和国多目标区域地球化学图集—黄淮海平原区》(2016 年 12 月),赵更新等著。

该图集是黄淮海平原区 1∶250 000 多目标区域地球化学调查的重要成果之一,它全面展示了黄淮海平原区表层土壤、深层土壤中多种元素和指标的空间分布状况及含量水平;该图集所提供的土壤地球化学分区、土壤环境质量、土壤化学蚀变指数、土壤碳密度、土地肥力、环境健康及土地质量地球化学分等等多种应用性图件,是土地规划与管护、农业种植结构调整、环境保护、地方病防治、资源勘查、全球变化及第四纪地质研究的重要基础资料。可供

从事地球化学、土壤学、环境学、农学、医学、全球变化等专业的教学和科研人员及制定土地管理相关政策法规的政府部门参考使用。

10.《地学遥感应用概论》（2017年4月），李志忠、汪大明等主编。

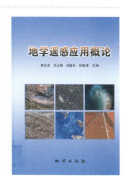

该书主要为从事地学遥感应用领域的学者、技术人员及管理人员，也可为遥感学习及应用相关人员提供参考。重点阐述了遥感在固体矿产、油气、地质环境、地质灾害及城市生态等领域的应用，采用作者在实际工作中的案例进行分析，具有一定的实用性和针对性，对在相关领域开展工作的研究人员具有一定的参考意义。

11.《中国变质岩大地构造》（2017年6月），陆松年等著。

该书是国土资源部中国地质调查局实施的"全国矿产资源潜力评价"计划项目"全国变质岩区成矿地质背景研究"专题的成果。作者在已出版的《中国变质岩大地构造图（1∶2 500 000）》的基础上，分析和探讨了国际地学界对"板块运动何时启动？"的动向和趋势的相关研究，提出了板块构造单元划分的标志，探索了我国华北、扬子和塔里木陆块区变质基底的大地构造相、分区和主要地质特征。将造山系中的地层分为洋盆形成前的"地块地层系统""同洋盆演化地层系统"和洋盆闭合后的"上叠盆地系统"3类，重点阐述了同洋盆地层系统在造山带研究中的重要性和复杂性，界定了古老地块的构造属性和鉴别标志，以及具指示大地构造相意义的榴辉岩带和蓝片岩带的分布、时代及地质特征。该著作同时出版英文版。

12.《燕辽造山带中生代构造格架新认识——由复向斜相叠加所形成的背形》（2017年6月），林晓辉等编著。

本书从燕辽造山带的发展历史出发，认为燕辽造山带在华力西期形成了统一的构造环境，早印支期形成了东西向向斜，内蒙古地轴是向斜的北翼，燕山沉降带是向斜的南翼，内蒙古地轴南缘断裂是燕辽向斜的轴部纵断裂，并且发育了东西向的纵断裂、南北向的横断裂和北东向及北西向的共轭断裂。

13.《华北陆块前寒武纪沉积变质型铁矿床》(2017 年 11 月),苗培森等著。

该书以板块构造理论为指导,重新划分了华北陆块早前寒武纪构造演化的两个重要阶段——古元古代和新太古代构造单元,首次按照矿床的描述性模式和矿体构造样式(形态特征)总结了华北陆块前寒武纪沉积变质型铁矿床;包括 9 个矿集区的全部大型铁矿床 78 处(含超大型铁矿床 14 处)。每个矿床包括矿床类型、大地构造位置、成矿环境、含矿岩系、成矿时代、矿体特征、构造变形、岩浆活动、矿石矿物和结构构造、化学成分特征、地球物理特征、找矿标志、矿床规模和意义、资料来源等基本内容和信息,图件为矿区地质图、磁异常图和重要勘探线剖面图等;充分反映了中华人民共和国成立以来华北陆块前寒武纪沉积变质型铁矿床的勘查和研究成果及进展;总结了华北克拉通 BIF 基本特征、每个矿床的构造形态和构造样式、矿集区的成矿特征和构造格架,为研究华北陆块早前寒武纪铁建造地质背景和构造演化等提供了基础资料。

14.《泰山新太古代地质演化史》(上)(2018 年 11 月),陆松年等编著。

该书分为华北克拉通新太古代区域地质背景、泰山新太古代地质、泰山岩石形成的年龄谱系 3 章,涵盖华北新太古代花岗岩-绿岩带简介、我国太古宙花岗岩-绿岩带研究主要进展、泰山及邻区新太古代侵入岩带组成与特征等内容。

15.《山区生态安全 你应该知道的》(2018 年 9 月),赵相雷等著。

该书属于科普书籍。人类社会的工业化发展使得现有的生态环境遭到破坏,而山区作为生态环境重要的涵养区,其生态环境也受到剧烈影响。山区生态灾难有愈演愈烈之势,为了使大家更好地了解山区生态环境恶化的后果及保护山区生态环境的意义,我们制作了山区生态安全科普画册。本书主要是以科普的形式向大家介绍山区生态安全的概念、山区生态环境恶化的表现、山区生态破坏后的严重后果以及保护山区生态安全的对策。本画册主要面向普通大众以及学生,部分内容及插图主要来源于网络。

16.《中国地质调查局天津地质调查中心物化探勘查院 10 周年成果文集》(2018 年 3 月)，张国利等著。

该文集收录了中国地质调查局天津地质调查中心物化探勘查院自 2008 年以来承担的 20 余项地球物理、地球化学和遥感地质方面的地质调查成果。其中，以重磁为主的有"高精度重力勘探应用于冀东铁矿整装勘查区取得找矿重大突破""华北地区矿产资源潜力评价重磁综合成果"等 6 项；以地球化学调查为主的有"京津冀协同发展区耕地地球化学调查成果""津巴布韦东部 Chimanimani 地区区域地球化学调查成果"等 11 项；遥感地质成果 2 项，其他物化遥综合调查成果 10 余项。

17.《中国沿海地区环境地质图(附说明书)》(2019 年 3 月)，孟庆华等著。

该书是在 2011 年出版的《中国海岸带环境地质图 1∶4 000 000》的基础上，补充了近几年来地矿、国土资源、海洋等部门完成的海岸带或近岸海域地质环境调查评价资料，以及《中国重要经济区和城市群地质环境图集——长江三角洲经济区》《中国重要经济区和城市群地质环境图集——珠江三角洲经济区、海南国际旅游岛》《中国重要经济区和城市群地质环境图集——北部湾经济区》等资料编制而成。编图范围包括辽宁省、河北省、北京市、天津市、山东省、江苏省、浙江省、上海市、福建省、广东省、广西壮族自治区和海南省 12 个省(直辖市、自治区)(因资料所限，本图不包含台湾)，陆地面积约 1 380 000 km²。我国大陆海岸线北起辽宁鸭绿江口，南至广西壮族自治区的北仑河口，全长 18 645km。①主图。专题内容：反映沿海地区内主要环境地质问题和主要的地质资源，包括崩塌、滑坡、泥石流、地面沉降、地面塌陷、地裂缝、海水入侵、海岸侵蚀淤积、地热和地质资源等；背景条件：反映人文社会环境及与主要环境地质问题密切相关的地形地貌、岩土体类型、活动断裂、地震等；比例尺 1∶3 050 000。②镶图。专题内容：中国沿海地区地震动峰值加速度图反映中国沿海地区地震动峰值加速度的分布情况；比例尺：1∶8 000 000。

18.《鄂尔多斯盆地砂岩型铀矿成矿地质背景》（2019年9月），金若时等著。

该书主要分析研究了中国北方古生代末期古亚洲洋闭合后，中生代时期大陆内山盆形成过程中，盆地内沉积物质形成及时空演化为砂岩型铀矿成矿而提供的铀成矿有利环境条件。通过对比研究大量铀、煤、油钻孔等实际资料，以沉积盆地为单元，充分运用地质原理及测试分析，研究了盆地的基础地质、地球物理、地球化学、遥感影像特征，并用以恢复认知沉积环境条件变化所带来的有利成铀地质背景。

19.《莱州湾南岸地下水及其环境地质问题》（2019年6月），刘宏伟等编著。

该书为中国地质调查局项目"莱州湾地质环境调查评价""非首都功能疏解区1∶5万环境地质调查""京津冀协同发展区综合地质调查"、国际合作项目"东南亚海岸带地区地下水管理对比研究""社会经济和气候变化条件下减缓地下水咸化提升海岸带地区水资源安全研究（SALINPROVE）""气候变化条件下应用水力措施防控咸水入侵、洪灾和养分负荷研究（WATER4COASTS）"部分成果的总结，包括莱州湾南岸水文地质条件、地下水特征，以及与地下水相关的海（咸）水入侵、地面沉降和土壤盐渍化等环境地质问题评价等方面内容，其成果既具有创新性，又具较强的学术性和实用性。可供水文地质、环境地质等领域的地质工作者、高等院校水环地质专业的师生参考使用。

20.《唐山市曹妃甸区地质环境研究与评价》（2019年11月），孙晓明等著。

该书以曹妃甸区规划建设的地质安全、资源安全支撑为主线，通过对工程地质条件及适宜性、活动断裂与区域地壳稳定性、填海造陆工程与海岸稳定性等的研究，查明影响规划与工程建设安全的主要地质问题；通过水文地质、地热地质调查与评价，查明区域水资源及地热资源现状；通过地面沉降、地下水污染等环境地质问题调查，提出环境保护对策建设；综合分析水工环地质、海洋地质、地热地质调查成果，提出地质环境综合评价与功能区划、地下水与地热资源开发利用、环境保护等建议；建立了集海陆空一体化的海岸带区域地质环境综合监测网，首次建成了具有海岸带地质资源与环境特色的三维可视化信息与服务系统平台。

21.《中华人民共和国地质图(华北)(1∶1 500 000)》(2019年6月),谷永昌等编著。

该书以构造活动论和板块构造及地球动力学理论为指导,以省级1∶50 000、1∶250 000地质图、华北主要成矿带地质图和省级地质志为基础,通过系统收集、分析和总结前人资料及相关成果,针对华北地质构造特征与演化、凸显的关键地质问题而编制。通过编图与综合研究,比较系统地阐述了华北构造地层系统、侵入岩时空演化、构造单元划分及特征、区域变质岩及火山岩、蛇绿构造混杂岩带等特征,系统讨论了关键地质问题,提出了一系列新认识,地质图内容及表达具有科学性和实用性,为华北基础地质和成矿地质背景研究提供了重要新资料。

22.《200年"锂"程:从石头到能源金属》(2019年12月),李效广等著。

"锂"是21世纪的能源金属,自锂元素被发现以来已过200余年。该书基于作者近年来从事地质调查与研究的工作成果,简要回顾了锂的基本属性、用途、开发和利用的简史,并概略分析了锂的供应和未来市场,以期广大公众能够对这一重要的能源金属有更多的了解。该书分"锂为何物:远不止最轻;发现之旅:锂的200年大事记;锂有何用:从润滑剂到能源金属;锂在哪里:分布与生产;得锂之技:从岩石到卤水;锂的供需与未来:利润下的无虞;我们的"锂"程:调查之路"7个章节,向公众科普了"锂"的相关知识。

23.《京津冀地区地质调查项目成果汇编》(2020年7月),郑锦娜等主编。

该书汇编了截至2018年底京津冀地区地质资料成果。依据地质专业类别将资料分为基础地质类、矿产资源类、水工环地质类、物化遥地质类、地质科研类、技术方法类、信息技术类七大类。共402档,每档资料的集成包括资料档案号、资料名称、编著单位、形成时间、内容简介、完成的主要工作量和主要成果等,内容均引用于项目的成果资料和评审意见,主要是对项目取得的最新成果进行了归纳总结,目的是为使用者检索和查询资料提供方便。该书还为支撑京津冀协同发展,服务产业承接区规划提供参考。

24.《中国矿产地质志·中国前寒武纪成矿体系》(2020 年 3 月),沈保丰等著。

该书是我国第一部全面系统阐述总结前寒武纪成矿体系的专著,代表了当前中国前寒武纪成矿体系研究的最高水平。主要反映地球早期前寒武纪(距今 46 亿~5.41 亿年)的重大地质事件和成矿:冥古宙——早期地球由天文行星演化到地质发展,太古宙——陆核形成、陆壳巨量堆积和绿岩带型矿床,古元古代——裂谷-造山带复合过程和地史上第一次重要成矿期,中—新元古代——多期裂解、汇聚和环境剧变事件及大规模成矿高峰期。本书首次提出在华北陆块 2600~2500Ma 时大氧化事件及其成矿的特殊性,提出了古元古代辽吉活动带的双成矿带控制本区硼、铅锌、菱镁矿、滑石等矿床产出的新认识,分析研究了超大型白云鄂博稀土、铌、铁矿床的成矿时代和成因,探索了华南新元古代雪球事件与成矿关系等。可为从事矿床学、前寒武纪地质、岩石学、地球化学、矿产勘查、矿业开发等专业的科研、教学和生产部门的工作人员提供参考,也可供跨学科、跨专业的科技工作者阅读和使用。

25.《中蒙边界地区系列地质图(1∶1 000 000)》(2021 年 3 月),李俊建主编。

系列地质图包括中蒙合作编制完成的中蒙边界地区 1∶100 万地质图、建造构造图和成矿规律图。首次实现了在中蒙边界地区近百年地质矿产研究历史上系列地质图件无缝对接,填补了两国边界地区地层、构造、岩浆岩和成矿区带接图的空白。说明书系统介绍了编图原则和指导思想,中蒙边界地区地层、构造、岩浆岩特征,提出了区内构造单元和成矿单元划分新方案,提出蒙古欧玉陶勒盖-查干苏布尔嘎斑岩型铜多金属成矿带向西与我国东天山-北山成矿亚带相连、阿拉善地块为亲兴蒙造山系陆块群、二连-贺根山蛇绿岩带向西延伸进蒙古、东蒙古与迭布斯格断裂为同一条断裂的新认识,提出区内存在 6 期斑岩型铜(钼、金)矿床并总结了其形成的构造背景,阐述了区域矿床分布、类型、特征及区域地质与成矿演化。该成果可供从事基础地质和矿床地质研究与编图、矿产勘查、地球科学科研与教学人员等参考。

26.《中蒙跨境成矿带成矿规律和找矿方向》(2021年11月),李俊健等著。

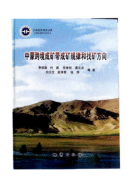

该书系统总结了中蒙跨境成矿带地层、构造、岩浆岩特征及区域成矿规律;建立了区域成矿系列、成矿模式和成矿谱系;形成了中蒙跨境成矿带构造单元划分方案,提出了阿拉善地块为亲兴蒙造山系的微陆块、蒙古欧玉陶勒盖-查干苏布尔嘎斑岩型成矿带向西与东天山-北山成矿亚带相连的新认识。同时还开展了区域成矿预测,圈定了找矿远景区并提出了具体工作部署建议,显著提高了中蒙边界地区地质调查研究程度,为从事相关研究和赴蒙开展矿业权申报、矿产勘查等提供了重要支撑。

第七节 装备与基础建设

一、装备体系建设

(一)基本情况

截至2022年11月30日,中心拥有设备资产总计3724台(套),总价值1.84亿元,形成了较为完善的8个装备体系:实验测试装备体系占装备总量的39.70%,拥有激光剥蚀多接收器电感耦合等离子体质谱仪、热电离质谱仪、飞秒激光器等仪器;地面探测装备体系占装备总量的28.81%,拥有三维地震采集系统、可控震源、电导率成像系统等;地质信息装备体系占装备总量的10.68%,拥有完备的"地质云"分节点基础设施与智能模块化机房;野外保障装备体系占装备总量的7.98%,拥有保障业务用车和特种作业用车32台;日常运行装备体系占装备总量的8.57%,日常办公通用类装备运行良好;地质环境装备体系占装备总量的0.42%,拥有水质监测仪、手持环境分析仪等仪器;海洋地质装备体系占装备总量的3.58%,拥有浅地层剖面仪、单道地震、多波束测深、测深型侧扫声呐等调查监测设备(图1-2);对地观测装备体系占装备总量的0.26%,拥有搭载微型成像光谱仪无人机等4台(图1-3)。

(二)装备购置情况

2013年以来,新增各类仪器设备共计2637台(套),总价值1.28亿元,其中50万元以上大型仪器设备57台/套,占现有大型仪器设备的83.8%。

图1-2 集成了R2 SONIC 2020型浅水多波束测深系统的Edgetech 6205型多波束侧扫一体化系统

图1-3 搭载30倍变焦镜头用于遥感影像及高程测量的经纬M210 RTK无人机

2013—2015年,使用地质调查"野战军"专项计划及地质调查项目资金,购置以服务于实验测试方向及地球物理方向为代表的电子探针能谱仪(图1-4)、扫描电镜、重力仪电导率成像系统、电感耦合等离子发射光谱仪、矿石化学分析熔样系统等各类仪器设备1345台(套),总价值5 170.24万元。

2016—2017年,着力建设地质年代学测试仪器设备,购置了古地磁测试系统(图1-5)、光释光测年系统、岩芯扫描系统为代表的各类仪器设备689台(套),总价值3 819.87万元。

2018—2020年,围绕铀矿调查工作及海岸带地质调查工作,购置了以三维地震采集系统(图1-6)、飞秒激光剥蚀进样系统、全自动激光烧蚀进样系统及浅水多波束测深系统为代表的各类仪器设备460台(套),总价值3 249.80万元。

2021—2022年,持续加强实验测试能力建设,购置了以波长色散X荧光光谱仪、等离子体质谱仪(图1-7)、稳定同位素比质谱仪为代表的各类仪器设备147台/套,总价值919.23万元。

图1-4 EPMA-1600型电子探针能谱仪

图1-5 2G低温超导岩石磁力仪
(目前精度最高的岩石磁力仪)

第一章 职能定位与业务团队建设

图1-6 T15000(minivib12)型可控震源和sercel428XL三维地震采集系统(可控震源大输出力12 000磅,扫频范围10~300Hz)

图1-7 NEXION 10000G型等离子体质谱仪

二、基础建设

(一)大直沽基地现状

大直沽基地位于天津市河东区大直沽八号路与八纬路交口处,紧邻海河和中环线,处于海河规划控制带内。大院占地 27 121m²,其中原有土地 20 196m²,兴建科研综合楼时新增土地 6925m²(一期工程占用约 600m²)。院内目前有办公、科研性并具有产权的房屋 7 栋,计 20 195.22m²,其中科研综合楼(一期)12 663.5m²,实验楼(现)3264m²,资料楼1 175.55m²,食堂1 746.12m²,车库楼1 433.1m²,医务楼(原印刷间)435m²,热力站 598.5m²(图1-8~图1-10)。大院南、西与规划道路接壤,东、北与社会多层住宅小区相邻。办公及科研用房位置多居于界内土地边缘。

(二)滨海新区基地情况

滨海新区基地位于天津市滨海新区塘沽区国家海洋高新区云山道与宁海路交口西北

图1-8 科研综合楼

角,距本部大直沽基地直线距离 36km,车辆行驶时间约 0.5 小时,距渤海湾最近距离10km,周边有滨海西站、地铁 B1 线、津滨高速等交通设施,交通十分便利。

图 1-9　职工食堂

图 1-10　实验楼

2009年依据《关于环渤海湾重点地区环境地质调查及脆弱性评价工作有关事项的批复》(中地调发〔2007〕117号)，以有偿划拨方式取得滨海新区地块土地使用权，该块土地面积8 294.2m²，土地形状为长约100m，宽约80m。

2014年《基地建设规划方案》中规划在此建设地面沉降监测研究中心基地，包括实验楼、配套用房及综合楼，报局且得到同意。

根据国土资源部统筹安排，2014年7月，地面沉降监测研究中心基地实验楼（以下简称实验楼）可行性研究报告得到批复，总建筑面积4 979.96m²，计划总投资额为2860万元。

2016年8月，实验楼初步设计及概算得到批复。根据批复，结合天津市规划，并于同年年底完成了实验楼勘察、监理、设计及施工单位的招标。

2017年8月，办理完成实验楼开工前全部手续。

2018年5月，地面沉降监测研究中心基地实验楼项目正式开工（图1-11）。

图 1-11　实验楼开工仪式现场照片（2018年摄）

2020年10月,在地方质监部门的监督下,经建设单位、施工单位、设计单位、监理单位、勘察单位共同参与,对实验楼工程进行了工程质量竣工验收(图1-12)。

图1-12 竣工完成的实验楼(2021年摄)

2021年7月,协调天津滨海高新技术产业开发区建设和交通局、天津新技术产业园区规划处、天津滨海高新技术产业开发区人民防空办公室对实验楼项目进行现场竣工联合验收,验收结论意见符合各单位要求。

2022年2月完成竣工验收备案,同年7月完成该项目结算审核。

第二章
践行总体国家安全观 支撑国家能源资源安全

第一节 铀等清洁能源调查在发展壮大中取得不凡业绩

2012年以来,中心先后牵头实施"中国主要盆地煤铀等多矿种综合调查评价"计划项目(2013—2014年)、"北方砂岩型铀矿调查工程"(2015—2021年)和"全国铀矿调查评价工程"(2022—),累计投入约12.6亿元。主持国家973计划项目、国家重点研发计划项目、国际地球科学计划(IGCP675)和国家自然科学基金重点支持项目等科技项目。创建了"煤铀兼探""油铀兼探"工作理念,以煤油资料"二次开发"为基础,提出"跌宕成矿模式""红黑岩系耦合沉积控矿"等成矿理论,构建氡气-伽马综合测量为主的多种物探方法相结合的铀矿调查技术方法体系,可实现快速寻找并圈定含铀矿体。在二连、鄂尔多斯、准噶尔、柴达木、松辽等盆地累计提交铀矿产地23处,丰富了我国的砂岩型铀矿成矿理论,提升了国际影响力(图2-1)。

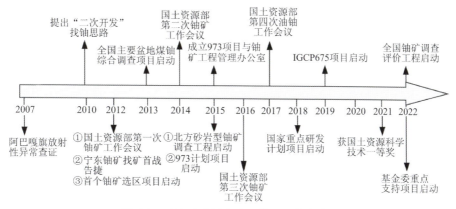

图 2-1 天津地质调查中心铀矿工作大事记

一、夯实基础,构建铀矿调查评价新格局

(一)全面推进"煤铀兼探"工作

2012年8月15日,中心组织召开华北地区铀矿找矿工作会议。会上,时任国土资源部副部长、中国地质调查局局长汪民表示:"要打好这一场找矿战略突破行动的攻坚战,做实大项目,实现大发展,通过项目实施及后续工作,从此改变我国铀矿勘查开发的历史""各行业之间要以国家利益为重,打破行业壁垒,迅速形成资源调查的合力,要求中国地质调查局将此项目扩大成全国的找矿工作"。随即,中国地质调查局设立"我国主要盆地煤铀等矿产资源综合评价(2013—2014)"计划项目,由天津地质调查中心牵头组织实施,在中国北方主要含铀盆地部署了32个项目,开展砂岩型铀矿调查评价工作。旨在通过对主要储煤盆地地质资料的二次开发和快速查证,迅速取得找铀突破,就此掀开了全国新一轮砂岩型铀矿找矿的新篇章。

2012年8月29日,在首个铀矿找矿靶区——宁夏宁东地区部署的第一个验证钻孔成功见矿。该孔见矿两层,厚度分别为1.1m、10.9m,同时,钻孔显示4个含铀砂岩层段。随后,在该区布置的其他5个钻孔均相继见矿。此6孔见矿确定出可供普查的铀矿工作区2个。作为铀矿找矿战略选区的第一批验证成果,宁东铀矿找矿首战告捷。

2013年9月3日—4日,中国北方煤铀兼探远景调查工作部署会在天津召开(图2-2),全面总结铀矿勘查战略选区工作进展及找矿阶段成果,就铀矿项目中重大科学问题进行了研讨,提出了切实可行的实施方案。时任国土资源部党组成员、副部长、中国地调局局长汪民出席,提出五点意见:一是将保障国家利益放在首位,充分认识铀矿工作的重要意义,各参战单位要发挥各自优势,多方联动,通力合作,高标准、高质量地按时完成任务;二是进一步加大铀矿战略选区和钻探验证工作力度,持续推进理论创新与技术攻关;三是国土资源主管部门要进一步发挥行政管理职能,加强矿业权的协调,构建良好的勘查环境;四是坚持公益先行,基金衔接,商业跟进,扩大找矿成果,中国地质调查局天津地质调查中心和国土资源部中央地质勘查基金管理中心要协调配合,相互联动,力争取得重大铀矿找矿突破;五是完善煤铀矿产资源开发规划,合理规划煤铀资源开采。中国科学院和中国工程院多位院士以及来自全国60余家单位的代表参加会议。自此以后,我国北方盆地"煤铀兼探"工作进入一个全新阶段,来自煤炭、省地勘队伍、地调院、核工业、地调局的60余家单位以项目为平台,在地调局领导下,由天津地质调查中心统一组织,共同推动了我国新一轮的砂岩型铀矿找矿工作新局面。

图 2-2 中国北方煤铀兼探远景调查工作部署会

(二)"煤铀兼探"拓展为"煤铀兼探""油铀兼探"并进

在推动"煤铀兼探"工作的同时,油铀两种矿床的内在联系和油田资料的重要性逐步得到重视。2014年,天津地质调查中心和大庆油田、辽河油田开展了油田区砂岩型铀矿调查选区合作,并选择大庆长垣隆起南端为调查研究对象,标志着我国砂岩型铀矿找矿工作由"煤铀兼探"向"油铀兼探"工作的重大拓展。

2014年7月,中心主持编写的"北方砂岩型铀矿调查工程"实施方案通过了局审查,时任国土资源部党组成员、中国地质调查局局长钟自然出席会议并提出五点要求:一是要及时向财政部、国土资源部等相关部门做好汇报和沟通协调,确保工程顺利实施;二是要建立盆地能源矿产综合数据库,工程要与局油气资源调查中心密切配合,全面收集和利用油气盆地资料,建立综合数据库,在深化"煤铀兼探"的同时寻求"油铀兼探"的突破;三是要加强对开采开发条件的分析评价工作,为铀矿合理开发和铀矿开采体制改革奠定基础;四是要组织专家做好工程技术路线和实施方案的再论证工作,进一步优化方案,确保实现预期目标;五是要注重科技引领,加强工程的理论研究和人才培养,将工程与973项目相结合,同步推进,力争把我国的砂岩型铀矿研究提升到国际先进水平,重视项目一线人员技术培训,确保项目取得新的找矿突破。

2014年11月4日—6日,全国砂岩型铀矿工作部署研讨会在天津地质调查中心召开(图2-3),时任国土资源部党组成员、中国地质调查局局长钟自然出席并讲话,中国科学院翟明国院士,国土资源部地质勘查司副司长、矿产勘查办公室常务副主任于海峰出席大会。来自地调局、核工业、煤田、石油、化工、科学院、高校等全国70余家单位的专家代表参加会议。此次会议为"北方砂岩型铀矿调查工程"的部署实施奠定了基础。

图2-3　2014年11月4日—6日,全国砂岩型铀矿工作部署研讨会

(三)公益性铀矿地质调查评价迎来高潮

2015年,中心全面推进"北方砂岩型铀矿调查工程",下设两个项目,含133个工作子项目。由中心承担"北方重要盆地砂岩型铀矿调查与勘查示范"项目,中国核工业地质局承担"重要远景区铀矿调查"项目。

同年,中心成功获批国家973计划"中国北方巨型砂岩铀成矿带陆相盆地沉积环境与大规模成矿作用"项目(图2-4),创下了申报科技部重大理论创新项目的新纪录,实现了地调与科研的紧密结合。

图2-4　2015年4月20日,国家重点基础研究发展规划973计划项目启动会

2016年5月,为了进一步推进"油铀兼探"工作的开展,国土资源部在部机关组织召开了"油铀兼探"工作协调会(图2-5),并印发了国土资函〔2016〕248号会议纪要文件,要求各级国土资源主管部门要积极做好协调和服务工作,创造良好的综合勘查环境。会议对后续天津地质调查中心与中国石油天然气集团有限公司(简称中石油)、中国石油化工集团有限公司(简称中石化)和地方政府等部门的合作起着重要推动作用。

图2-5　2016年,国土资源部组织召开"油铀兼探"工作协调会

2016—2018年,北方砂岩型铀矿调查工程设立10个二级项目,中心承担了4个,局其他五大地调中心和中国核工业地质局承担其他6个。工作内容以北方陆相盆地砂岩型铀矿调查工作为主,兼顾开展了南方部分重要硬岩型铀矿成矿带调查、全国煤铀空间分布规律与重点区环境影响评价等工作。通过此轮项目实施,共圈定铀矿成矿远景区108个,找矿靶区245个,在鄂尔多斯、松辽、二连、准噶尔、柴达木等盆地新发现铀矿产地19处,其中大型以上矿产地5处。系统编制了全国不同地区的煤层含铀性图件,探索建立了应用于含煤岩系的放射性环境评价指标,为矿山开发和环境保护提供了基础数据。在此期间,提出了盆内隆缘构造控矿、红黑岩系耦合沉积控矿、跌宕成矿等新理论,找矿技术方法也得到提升。

2018年12月,国家重点研发计划项目——深地资源勘查开采专项"北方砂岩型铀能源矿产基地深部探测技术示范"项目成功获批,由天津地质调查中心联合了中国地质科学院地质研究所、中国地质大学(武汉)、中国煤炭地质总局特种技术勘探中心、辽河石油勘探局有限公司、中国科学技术大学、吉林大学、成都理工大学、中国地质调查局沈阳地质调查中心、新疆石油管理局有限公司等9家单位共同申报。该项目聚焦深层流体成矿作用和深部探测技术方法创新等关键科学和技术问题,针对700～2000m勘查深度空白,开展成矿作用研究和深部勘查示范,深化和创新砂岩型铀矿成矿理论和深部探测技术方法,实现找矿突破,提交深部找矿靶区和大型铀矿资源基地,评价资源潜力,为国家铀矿深部资源勘查工作部署提出了建议。

(四)在地调经费缩减的背景下,铀矿调查工作在坚守中拓展

2019—2021年,投入经费逐渐减少,二级项目由6个调减为4个,铀矿调查仍"趁热打铁",在前期调查成果的基础上,巩固扩大了找矿成果,提交了2处特大型铀矿,新发现了4处铀矿产地。2022年,根据局统一部署,工程更名为全国铀矿调查评价工程,继续发挥公益性"四两拨千斤"的作用,积极拓展与油田企业、地方政府的合作,在北方重要盆地的铀矿调查成果有力带动了多个油田企业铀矿勘查工作新热潮。

2019年以来,中石油共启动6项铀矿勘查部署研究项目,由中心承担实施,同时配套6项铀矿勘查项目,共计投入铀矿勘查资金约8000万元,在公益性调查工作的基础上累计实施钻探约5.4万m,钻获一批工业矿孔,在北方中新生代盆地取得了系列找矿重大发现,形成了铀矿勘查新合作模式。

2019年2月,以金若时为首席科学家的团队,联合中国、美国、法国、加拿大、俄罗斯、澳大利亚、赞比亚、坦桑尼亚等9个国家的科学家,组织近80人的团队,成功获批国际地球科学计划IGCP675项目。IGCP675对各大陆之间砂岩型铀矿形成环境与成矿作用的共性与特殊性进行系统对比和研究,提出控制全球砂岩型铀矿的主要成矿模式,创新砂岩型铀成矿理论,培养年轻及第三世界铀矿研究人员。该项目为全球铀矿科学家搭建了一个国际学术交流的平台,为全球铀矿科学家提供相互学习的机会,提升对砂岩型铀矿的成矿理论认识。通过这个平台,学者们可以对比全球砂岩型铀矿的各类特征,研究它们的异同点,探讨其变化以及主要控矿因素等,最终建立不同类型砂岩型铀矿成矿模式。

2022年1月,成功获批"风成沉积体系砂岩型铀矿成矿作用"国家自然科学基金委重点支持项目,该项目以我国首次在白垩系风成砂岩中发现的大型铀矿为研究对象,研究风成体系中含铀岩系的特征和氧化还原条件,确定构造事件与成岩成矿的关系,分析风成沉积砂岩铀的源—运—储过程,建立砂岩铀超常富集的跌宕成矿模型,对开展风成沉积体系新类型砂岩型铀矿成矿理论研究、开辟砂岩型铀矿找矿新空间具有重大的科学和实践意义。

在长达10年的铀矿调查和研究过程中,以煤、油地质勘查资料"二次开发"为工作主线,坚持公益性地质调查工作定位,以科技创新为统领,全面提升铀矿成矿理论和找矿技术方法,实现全国铀矿找矿"一盘棋",统一标准,广泛合作,成果共享,破除壁垒,共同促进全国铀矿地质调查事业迈上新台阶(图2-6)。

图 2-6 2019 年 7 月 13 日，国家重点研发计划探测示范项目组在鄂尔多斯盆地泾川地区召开野外研讨会

二、铀矿找矿成果丰硕

（一）实现砂岩型铀矿找矿突破

铀矿调查实施以来，在鄂尔多斯、二连、柴达木、准噶尔、松辽等盆地新发现砂岩型铀矿矿产地 20 处，其中鄂尔多斯塔然高勒和二连陆海 2 处矿产地达特大型规模。在准噶尔盆地、二连盆地取得的找矿成果先后被评为中国地质调查局年度找矿十大进展，鄂尔多斯盆地的找矿成果获得国土资源科学技术奖一等奖，揭示了我国北方盆地巨大的砂岩型铀矿找矿潜力，对全面评价我国铀资源潜力，推进铀矿资源勘查，加快推动我国铀资源基地建设和国家能源结构优化具有重要意义（图 2-7）。

图 2-7 项目组在鄂尔多斯盆地南部某地区进行现场工作部署指导

(二)硬岩型铀矿调查取得新进展

硬岩型铀矿团队优选东秦岭、赣杭、诸广等10个全国重要铀成矿带,开展花岗岩型、火山岩型铀矿地质调查,圈定成矿远景区50个,找矿靶区40个,新发现河南卢氏柳树湾、湖南桂东、江西铅山横林村3个重要铀矿产地,取得了硬岩型铀矿找矿重大进展。柳树湾花岗伟晶岩型铀矿产地的发现实现了河南省铀矿找矿的历史性突破,揭示出该地区40km的铀成矿带具有大型铀矿找矿前景。同时,创新的"红、黑、粗、高"的隐伏花岗伟晶岩型铀矿的识别理论技术,为钻探工程布置提供了理论依据,取得了较好找矿效果。

(三)应用煤油资料"二次开发"大数据分析,实现新区新层系找矿突破,有效引领地方政府与石油行业跟进勘查

首次开展了全国大规模煤、油资料"二次开发"工作,在北方中新生代盆地开展放射性信息筛查,累计筛查钻孔293 738个,确定潜在铀矿孔6700个,潜在铀矿化孔20 136个,累计圈定远景区131个,找矿靶区269个,摸清了北方主要煤田、油田区铀资源潜力,大幅节约了勘查资金,在北方多个盆地实现了新区新层系找矿突破。同时,引导地方政府、石油行业跟进勘查,青海省自然资源厅、新疆油田、青海油田、华北油田、大庆油田、大港油田等累计投入近亿元。

三、拓展地热地质调查,支撑经济社会绿色低碳发展

2018年,围绕局京津冀地热科技攻坚战,开展了地热地质调查和研究工作,在系统梳理华北平原已有钻孔、地球物理等资料的基础上,牵头编制了《华北平原1∶50万基岩地质图》,系统总结了华北平原深部基岩热储时空分布和断裂构造特征,拓展了京津冀深部热储空间,有效服务了地热资源勘查工作。

2021年,为响应国家能源局等八部委印发的《关于促进地热能开发利用的若干意见》文件精神,落实《中国地质调查局党组关于地质调查支撑服务新时代经济社会发展和生态文明建设的实施意见》与《地质科技创新服务天津市绿色低碳经济社会发展的建议》精神,在天津市规划和自然资源局的指导下,联合地调局属及天津市相关地勘单位,编写《天津市关于创建全国地热资源开发利用示范城市工作方案》和《天津市地热资源勘查开发利用战略研究报告》(图2-8)。

同时,推进了天津市深部地热地质勘查评价工作,通过基础地质、综合物探、地震以及钻孔资料的综合对比分析,开展了天津市4000~6000m深度第二热储空间探测工作,构建了团泊湖地区6000m以浅热储三维结构模型,初步评价了天津市重点区域深部地热资源潜力,有效服务天津市地热高质量可持续开发利用。

此外,在立足基础性、公益性地热地质调查工作的同时,中心不断拓宽地热开发利用合作领域,先后与中煤厚持(北京)资本管理有限公司基金、天津海河产业基金管理有限公司、山东土地发展集团、大港油田公司、吉林油田公司等单位开展对接交流,以地质调

图 2-8　天津市地热资源高质量开发利用工作方案研讨会

查项目为引领,带动地方政府、社会资本共同出资,探索构建了"地质＋政策＋产业＋金融"全链条支撑服务模式,助力京津冀绿色能源发展和"双碳"目标实现。

第二节　战略性矿产地质调查在稳步推进中硕果累累

2013年以来,围绕金、钼、铜、稀有金属等战略性矿产,承担完成了地质调查、国家重点研发计划、国家自然科学基金、地方政府基金项目、政府间国际科技合作等项目或课题10余项,在矿产地质调查、科学研究和人才培养等方面取得显著成效,提交新发现矿产地12处,找矿靶区162处,出版专著6部,发表论文80余篇,培养硕士研究生8人,博士研究生5人,获省部级科技进步奖二等奖5项。完成了华北地区23个重要矿种资源潜力评价,初步摸清了华北地区矿产资源家底;完成了内蒙古索伦山—东乌旗地区航空综合站测量异常查证与勘查选区评价,提交一批找矿靶区和新发现大型矿产地;建立了胶东重要金矿集区三维地学建模与资源预测评价的技术方法体系,系统开展了胶东地区金矿资源潜力评价,有力支撑了胶东国家级金矿资源基地建设;开展了锂资源调查,重点围绕全国盐湖锂资源,兼顾柴达木盆地地下卤水、华北煤、铝土矿中的锂资源,取得显著成效;开展了华北陆块铜、铁、稀有金属等战略性矿产调查,取得系列成果;完成了中蒙边界跨境重要成矿带成矿规律对比研究和系列地质图件编制,显著提高了区内地质矿产研究程度;完成了华北地区5个Ⅲ级跨省成矿区带矿产地质志图书和成矿规律图的研编;组织实施了华北大区新一轮找矿突破战略行动。

一、完成华北地区 23 个重要矿种资源潜力评价,划分了华北地区主要成矿区带与成矿系列

2013 年,在系统集成前期成果基础上,针对华北地区铁、铜、铝、铅、锌、锰、镍、钨、锡、钾、金、铬、钼、锑、稀土、银、硼、锂、磷、硫、萤石、菱镁矿、重晶石等 23 个矿种,共划分矿产预测类型 305 个,圈定预测工作区 388 个;首次对华北地区成矿单元特别是四级和五级单元进行了系统划分,共划分出Ⅱ级成矿省 6 个,Ⅲ级成矿带 18 个,Ⅳ级成矿亚带 71 个,Ⅴ级成矿远景区 301 个。编制完成华北地区 1:150 万成矿规律图、矿产预测图和工作部署建议图等系列图件,开展了成矿预测,初步摸清了区内 23 个重要矿种的资源潜力,提出工作部署建议 1457 项。

二、完成内蒙古索伦山—东乌旗地区航空综合站测量异常查证与勘查选区评价,新提交一批找矿靶区和新发现矿产地

2017 年,提交的内蒙古索伦山—东乌旗地区航空综合站测量异常查证与勘查选区评价成果报告通过验收,编制完成区内 1:5 万~1:20 万地质、航磁、航电、航放、化探、遥感和成矿规律与预测系列图件 70 张(图 2-9);建立了区内 20 个典型矿床成矿模式和综合信息找矿模型,划分了成矿单元,建立了主要金属矿床区域成矿模式、成矿系列和成矿谱系。在宝格达乌拉、满都拉一带圈定 1:5 万单元素异常 1313 处,综合异常 90 处;圈定 1:5 万地磁异常 15 处;提交新发现矿产地 4 处,其中大型 1 处、中型 1 处和小型 2 处;提交找矿靶区 67 处;新发现矿点 38 处;圈定找矿远景区 17 处。

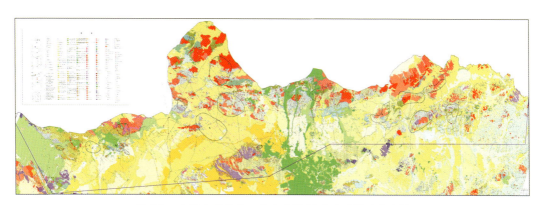

图 2-9 内蒙古索伦山—东乌旗地区成矿远景区分布图

通过地调局、内蒙古国资源厅合作统一部署,索伦山—东乌旗地区矿产勘查格局发生了根本变化,陆续新发现大型矿产地 11 处、中型矿产地 7 处,形成了 2 个矿集区、3 个

远景区,重要矿产资源储量有了明显增加。相关成果获国土资源科学技术奖二等奖和中国地质调查局地质科技奖二等奖各1项。

三、围绕胶东金矿集区开展深部资源调查与三维结构探测,实现胶西北金矿集区3000m深度"透明化"

2016—2021年,实施了国家重点研发计划"胶东金矿集区三维结构与定位预测"课题、"胶东招平带北段金矿深部预测与勘查示范"专题研究工作;同步开展了"胶东成矿带栖霞—乳山地区金矿地质调查"和"栖霞—牟平地区地质矿产调查"项目工作。

建立了胶西北金矿集区三维结构与预测模型,实现成矿系统3000m深度"透明化";系统开展了胶东地区金矿资源潜力评价,建立了金矿找矿预测模型,累计筛选出55个金矿预测区,预测金资源量2138t,提交找矿靶区37个;钻探证实三山岛西部海域重磁梯级带为控矿断裂带(图2-10)。

在栖霞、招远、牟乳等地圈定找矿靶区48处,其中A类靶区32处、B类16处;提交新发现金(银)矿产地4处,累计估算金资源量21t,银资源量242t。

创新提出太古宙基底部分熔融形成的早白垩世高分异高氧逸度花岗岩,是造成胶西北巨量金堆积的关键因素;创新提出胶东金矿集区存在早白垩世早期、早白垩世中晚期2个金成矿集中期的新认识;丰富了华北克拉通破坏型金成矿理论。

依托项目成果,引导山东省财政资金跟进投入,为山东省地质调查院等地勘单位争取省财政地勘基金项目,提供了重要技术支撑。

四、开展了锂资源调查,重点围绕全国盐湖锂资源,兼顾柴达木盆地地下卤水、华北煤和铝土矿中的锂矿资源

2015—2020年,组织开展了我国西部铀锂等新能源材料矿产调查工作,全面调查了我国北方186个湖泊水化学特征。优选西藏地区盐湖开展调查评价,新发现锂、硼矿产地4处,累计提交氯化锂远景资源量113万t,硼远景资源量459万t,拉动西藏地方政府投入495万元(图2-11)。此外,柴达木盆地西缘地下卤水选区工作调查油气井102口,圈定锂硼成矿远景区7处。在四川自贡开展12口盐井地卤水选区调查,圈定成矿远景区3处。开展山西地区铝土矿中锂、煤中锂资源调查,发现锂富集铝土矿区2处,发现轻稀土富集铝土矿区18处。依托项目编著出版锂矿科普专著1部,建成盐湖卤水资源数据库。

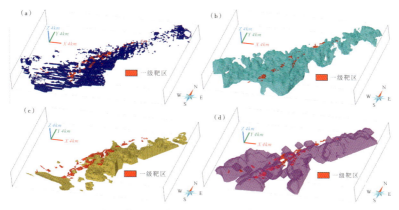

图 2-10　山东焦家、三山岛地区一级靶区与地球物理变量叠加图
(a)一级靶区与低密度区间;(b)一级靶区与低磁化率区间;
(c)一级靶区与高电阻率区间;(d)一级靶区与郭家岭期花岗岩体缓冲叠加

图 2-11　在西藏阿里地区泽错大型盐湖进行锂矿调查评价时陷车

五、围绕华北陆块战略性矿产铜、铌钽、稀土、铁等战略性矿产调查,在内蒙古、豫西开展了系列矿产地质调查

2013—2015 年,"内蒙古阴山地区成矿规律与找矿方向研究"地质调查项目系统研究了内蒙古阴山地区的成矿地质背景和各类成矿作用,查明了构造-岩浆-热事件对成矿的控矿因素,总结了区域成矿规律。在综合分析内蒙古阴山地区区域成矿规律的基础上,开展了成矿预测,圈定找矿远景区 24 处,提出了区内地质矿产调查工作部署建议。

2013—2015年,开展"内蒙古东乌旗地区铅锌多金属矿资源潜力调查"项目,在内蒙古二连-东乌旗地区共划分出5个Ⅳ级成矿亚带,确立了主攻矿种、主攻矿床类型,圈定了铅锌等多金属Ⅴ级找矿远景区13个,分析总结了找矿远景区特征及潜力,编制了1:50万远景区划及工作部署建议图。

2014—2015年,相继开展了内蒙古1017高地铅锌矿床找矿突破的关键地质问题与内蒙古吉林宝力格银铅锌矿找矿预测研究工作,明确了矿体的赋存层位和控矿要素,提出了找矿方向与工作部署建议。

2016—2018年,在豫西开展了"三稀"元素矿产调查,在卢氏—内乡地区圈定46个1:5万锂、铍、铌、钽等稀有金属综合异常,16个成矿远景区,10个找矿靶区;五里川地区新发现1处伟晶岩型锂辉石型锂矿体和15个花岗伟晶岩型锂、铍、铌、钽矿(化)点。

六、中蒙边界地区重要成矿带成矿规律对比研究成果显著

2013—2020年,由天津地调中心联合蒙古矿产资源管理局、蒙古科学院地质矿产研究所,依托国家国际科技合作项目和地质调查项目,首次编制完成中蒙边界地区1:100万系列地质图件(图2-12,图2-13),显著提高了中蒙边界地区地质调查研究程度,系统厘定了中蒙边界重要成矿带的地层、构造、岩浆岩和物化遥特征。首次对中蒙边界重要成矿带系统进行了成矿预测,圈定出各类找矿远景区70处。对推动国内相关地勘单位在蒙获批矿产勘查许可证并取得找矿突破起到了重要作用。出版了《中蒙跨境成矿带成矿规律和找矿方向》《中蒙边界1:100万系列地质图及说明书》等4部专著。相关成果获天津市科技进步奖二等奖、国土资源科学技术奖二等奖和中国地质调查局地质科技奖二等奖各1项。

图2-12 2013年中蒙边境地区1:100万系列地质图件交接仪式

图 2-13 中蒙边界成矿规律图

七、研编华北地区 5 个Ⅲ级成矿区带成矿规律志书

2016—2022 年,承担完成了华北陆块南缘 Fe-Cu-Au-Mo-W-Pb-Zn-铝土矿-硫铁矿-萤石-煤成矿带(Ⅲ-63)、山西(断隆)Fe-铝土矿-石膏-煤-煤层气成矿带(Ⅲ-61)、华北陆块北缘东段 Fe-Cu-Mo-Pb-Zn-Ag-Mn-U-磷-煤-膨润土成矿带(Ⅲ-57)、阿拉善(隆起)Cu-Ni-Pt-Fe-REE-P-石墨-芒硝-盐类成矿带(Ⅲ-18)、华北盆地石油天然气成矿区(Ⅲ-62)成矿规律志书的研编及 1∶50 万成矿规律图的编制。完成的中国矿产地质——华北陆块北缘卷、华北陆块南缘卷、山西(断隆)卷、阿拉善卷和华北盆地卷,是区内有史以来在矿产地质和成矿规律研究方面最全面的一套志书,具有重要的理论价值和应用价值,可直接服务于新一轮找矿突破战略行动,对推动该区经济和社会发展具有里程碑意义。

八、"三稀"矿产与铁矿基础研究取得显著进步

2016—2018 年,"三稀"矿产调查研究迈出坚实一步,中心承担完成了国家自然科学基金青年基金项目"内蒙古赵井沟过铝质花岗岩浆演化与铌钽等元素富集机制",查明了赵井沟铌钽矿的地质特征、稀有金属矿物的种类和赋存状态,总结了赵井沟铌钽矿的成矿模式和找矿标志。

2020—2021 年,中心承担完成了河南省自然资源科研项目"华北陆块南缘碱性岩型稀有稀土金属富集机理研究",查明了河南省重要成矿带稀有金属矿床的成矿时代,并厘清了岩浆作用对稀有金属成矿的制约。在系统总结制约华北地区稀有金属富集关键控制因素的基础上,建立了华北陆块南缘碱性岩型稀有、稀土矿床的成矿模型,并指明了区域找矿方向。

2019—2021年,中心承担完成了国家自然科学基金青年基金项目"胶北地区~2.7Ga BIF 的形成环境与形成机制"。确认了莱州—昌邑地区~2.7Ga 条带状的铁建造,填补了华北克拉通新太古代早期沉积-变质型铁矿床的空白,为研究华北克拉通~2.7Ga BIF 提供了物质基础。

2021年获得2项地方基金项目,分别是山东省富铁矿勘查技术开发工程实验室开放基金项目"山东齐河-禹城地区矽卡岩型富铁矿深部流体演化与成矿机制"和河南省地矿局第一地质环境研究院成果转化项目"康山金矿成矿机制研究"。2022年,获批国家重点研发计划"政府间国际科技创新合作专项",获批国家重点研发计划"战略性矿产资源开发利用"专题2项。

九、组织实施华北大区新一轮找矿突破战略行动

"十四五"以来,深入学习贯彻习近平总书记给山东省地矿局第六地质大队全体地质工作者的重要回信精神,聚焦国家能源资源安全保障重大需求,按照中央、部、局的统一部署,依托华北地区地质调查协调办公室建立了高效、顺畅的中央、地方和企业的协调联动机制,构建了找矿突破战略行动"四体系一机制";依据"新一轮找矿突破战略行动"的总体实施方案,以基础调查区、重点调查区、重点勘查区、重要矿山等"四区"为抓手,组织协调华北地区新一轮找矿突破战略行动,设置重点调查区27处、重点勘查区26处,进一步明确了华北地区战略性矿产找矿的主攻区域和关键矿种。

第三节 南部非洲地质调查在夯实成果基础上提升服务质量

2021年12月,天津地质调查中心的境外地质室更名为南部非洲地质调查合作中心,按照地调局境外地质调查工作分区要求,主要从事赤道以南非洲的赞比亚等19个大陆国家和马达加斯加等6个岛屿国家的基础地质调查和矿产地质调查。2013年以来,落实局"三服务一促进"的局境外工作要求,积极与赞比亚等11个南部非洲国家矿业部、地调机构开展对接合作,与相关驻华大使馆保持密切联系。牵头组织实施地质调查工程1项,组织实施商务部援外、中国地质调查局、国外风险勘查基金、国家重点研发计划专题及青年基金等项目26项,总经费超过2亿元。工作内容涉及区域地质调查、区域地球化学调查、航空物探调查、综合研究及境外地质矿产数据库建设等方面。完成低密度地球化学调查140余万平方千米,1:25万地球化学调查约10万 km^2,1:10万地球化学调查

6080km², 1∶10万区域地质调查约1.5万km²及1∶10万航空物探调查约7.5万km²（图2-14～图2-20）。

一、南部非洲基础地质调查和成果集成

一是以Landsat 8遥感数据为基础数据源，编制完成南部非洲1∶50万遥感解译地质图，圈定十大矿业投资活动热点地区。同时，以赞比亚、坦桑尼亚和纳米比亚等重点资源国现有大量地物化遥资料为基础，完成了中非铜钴成矿带等重点成矿带地质背景和优势矿种研究，首次对金、铜等24处代表性矿床的分布、成因类型等特征进行了系统的总结，为编制南部非洲1∶250万地质矿产图及服务中资企业夯实资料基础（图2-14）。

二是深入开展南部非洲地层系统对比及岩浆岩划分等研究，编制完成中东部非洲七国1∶250万地质图、坦桑尼亚全国1∶100万地质图、莫桑比克北部1∶50万地

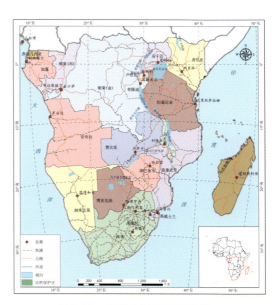

图2-14 南部非洲工作区范围

质矿产图及卢旺达系列图集等，建立铜钴等10余种战略性矿种矿床成矿模式。同时，利用地球化学、GF-1号高分遥感数据、Aster数据、Landsat 8数据、航磁数据及航空能谱数据等资料，圈定重点地区各类找矿远景区100余处，新增地球化学异常（甲类、乙类）100余处，经查证的30余处异常具有较好工作前景。

三是首次开展赞比亚东北部航空物探及卡萨马地区区域地质地球化学调查工作，对研究区基底和沉积盖层资料进行系统的梳理，掌握了班韦乌卢地块的构造演化及区域成矿规律（图2-15～图2-19）。

四是首次开展重点成矿带资源潜力评价工作，完成中东部非洲7国铜、金等主要矿产资源定量评价。其中，中部非洲铜钴储量调查和潜力评价工作，认为研究区探明铜

图2-15 与卢旺达矿业、石油与天然气署交流

资源量1.9亿t，钴资源量1252万t，分居全球第三位和第一位。潜在铜、钴资源量分别为2.9亿t和1992万t，成矿潜力巨大。

图 2-16　与津巴布韦地调局交流

图 2-17　涉水过河

图 2-18　过桥

图 2-19　乘小舟过河

二、成果应用和服务效果

一是在系统调研全球铜、钴等矿产资源供需形势、资源分布和产业开发状况等工作的基础上，分别编写《关于非洲中部[刚果（金）、赞比亚]铜钴资源开发潜力的调查报告与建议》《莫桑比克钛锆砂矿调研取得重要进展》等专报（矿业内参）8份，获中国地质调查局肯定。全力支持中国地质调查局发布全球锂、钴、镍、锡、钾盐等5个矿种储量报告和全球矿业发展报告（2020—2021），并有效支撑了中国地质调查局沙特地球化学项目实施。

二是支撑外交部将"中国-非洲地学合作中心"写入《中非合作论坛—达喀尔行动计划（2022—2024）》，推动了"中国-非洲地学合作中心"建设。协助中国地质调查局与赞比亚、莫桑比克、卢旺达等国家地调机构签署地学合作谅解备忘录（MOU）或项目合作协议（图2-20～图2-25）。

图 2-20　中赞签署地学合作谅解备忘录

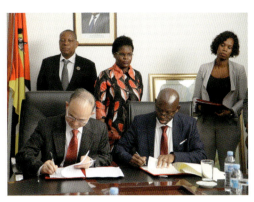

图 2-21　中莫签署地学合作谅解备忘录

图 2-22　中津签署地学合作会议纪要

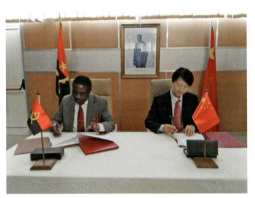

图 2-23　中安签署地学合作谅解备忘录

图 2-24　拜访赞比亚矿业与矿产开发部

图 2-25　拜访坦桑尼亚矿业部

三是编制了《卢旺达地质调查与矿业发展规划》，从近期（2022—2025 年）、中期（2026—2030 年）和远期（2031—2035 年）3 个阶段提出了地质找矿突破、尾矿回收、钽冶炼厂建设、引入国际矿业投资、地热发电及地质科技能力建设等 6 个方面的部署建议，并积极与卢旺达驻华使馆对接，获得使馆方高度评价。

四是根据局国际矿业研究中心的统一安排,与国内相关地勘单位、企业、高校合作,全力推进"中国-非洲地学合作中心"南部非洲分中心建设。精准服务中资企业在南部非洲开展矿业活动,先后与金川集团等50家中资企业建立了联系,为山东黄金等30余家企业提供咨询和矿业项目评价等服务,支撑多家中资企业获得境外矿权,取得了良好的社会经济效益(图2-26～图2-28)。

图 2-26　拜访刚果(金)驻华大使馆

图 2-27　拜访津巴布韦驻华大使馆

图 2-28　第二届南部非洲学术委员会会议暨学术交流会

五是加快推进南部非洲地质与矿产数据库与服务平台建设,完成基础地理、区域地质、矿产资源、地质勘探、地球化学和地球物理等11个专题5897条元数据整理工作,有效支撑南部非洲地学信息服务系统在地质云的上线服务。

第 三 章
精心服务生态文明建设和自然资源管理中心工作

第一节 地质调查支撑服务京津冀协同发展成效显著

2013年以来,紧紧围绕支撑服务京津冀协同发展国家重大发展战略,贯彻党中央国务院设立河北雄安新区的重要战略部署,服务天津市绿色低碳经济社会发展、山东半岛蓝色经济区区域发展等,形成了支撑中央和地方决策的一系列服务成果,示范性开展了雄安新区多要素城市调查,打造了城市地质调查"雄安模式",探索了"部-省-市-区(县)"多层次地质调查运行机制与工作模式,组织开展了京津冀地区地面沉降调查监测和津鲁晋豫蒙五省(区、市)汛期地质灾害防御常态驻守等地质安全风险评价工作。

一、支撑服务京津冀协同发展、雄安新区建设等国家战略方面成效显著

（一）支撑服务京津冀协同发展

2014年，中共中央、国务院提出京津冀协同发展战略，中心率先启动了京津冀综合地质调查工作，组织编制《支撑服务京津冀协同发展地质调查报告（2015年）》《京津冀地区国土资源与环境地质图集》（图3-1），并上报中央有关领导，及时提供京津冀有关政府部门使用，得到了充分的肯定。在服务北京非首都功能疏解、京津冀协同发展"三个突破"等方面发挥了重要支撑服务作用。同时，研发京津冀地质环境信息管理与服务系统软件（《地质环境信息系统与发布平台》），构建"地质云"京津冀协同发展地质调查专题，集成京津冀地区钻孔、地下水位、地下水质及岩土样品等四大类近10万条野外调查一手数据和50余幅成果图件，为政府部门宏观规划、科学管理等提供支撑和参考。

图3-1 京津冀地区国土资源与环境地质图集

2016年，推动召开京津冀协同发展地质工作研讨会，搭建了京津冀三省（市）协调联动机制和"服务沟通"平台，编制京津冀地质调查工作分解表，实现三省（市）地质调查工作协同部署，为支撑京津冀协同发展国家战略实施提供有效服务。

2021年以来，积极谋划京津冀"十四五"地质调查工作部署，编制了《天津地质调查中心关于京津冀地质调查"十三五"工作成效和"十四五"工作建议》，获得局党组充分肯定。联合京津冀三省（市）自然资源主管部门、地勘单位编制了《地质调查支撑服务京津冀协同发展总体设计（2023—2030年）》。

（二）支撑服务雄安新区规划建设

2017年4月，中共中央、国务院宣布设立河北雄安新区的重大战略决策，不到1个月时间，会同局属相关地勘单位与河北省有关部门，对最新调查资料和以往成果进行了梳理总结，编制了《支撑服务河北雄安新区规划建设地质调查报告》《关于河北雄安新区规划建设的五点建议》和系列专题报告（图3-2），得到河北省委、省政府高度肯定（图3-3）。

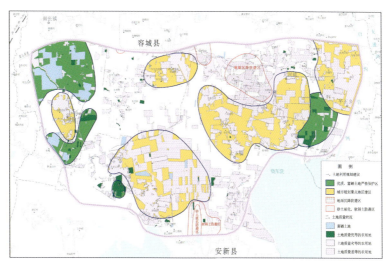

图 3-2　雄安新区重点调查区土地利用规划建议图

图 3-3　雄安新区地质调查第一阶段成果移交仪式

2017年,组织开展雄安新区"百机千人"地质调查会战,完成钻孔496眼、进尺53 337m,提出了多要素城市地质调查新理念。编制了《支撑服务雄安新区总体规划地质调查报告》,提交雄安新区管委会使用,为总体规划编制提供了权威地质资料。

2018年以来,持续开展雄安新区地质调查工作,服务雄安新区规划建设和高质量发展。建立了容东、昝岗、起步区等片区高精度三维工程地质模型,为重点建设片区控制性详细规划编制提供重要技术报告和系列工程地质参数。组织开展了雄安新区"一主五辅"土地质量地球化学调查,白洋淀湿地资源与水土质量调查,地面沉降和地下水调查评价,编制相关报告,服务雄安新区"一主五辅"土地质量管控、白洋淀生态环境保护修复和地面沉降防控(图3-4)。

图 3-4　雄安新区地质调查现场指挥部挂牌成立

组织编制《雄安新区自然资源综合监测总体方案（2020—2030 年）》，初步建成自然资源综合监测网，开展自然资源动态监测，编制雄安新区自然资源监测年报，为雄安新区自然资源管理和国土空间管控提供有效支撑。

（三）支撑服务北京城市副中心规划建设

2019 年，围绕北京城市副中心和河北廊坊北三县规划建设，联合局属和京津冀相关地勘单位，编制《北京市通州区和河北省廊坊市北三县协同发展规划地质调查报告》及 9 个专题报告，提出国土空间布局、重大线性工程规划、地热资源开发保护、地面沉降防控与地下水资源保护等四点建议。成果得到自然资源部、北京市和河北省主要领导批示并被政府相关部门采用。

（四）支撑服务天津市绿色低碳经济社会发展

中心提出了地质科技创新服务天津市绿色低碳经济社会发展的四点建议：地热资源高质量开发利用、海岸带生态修复和水土质量生态地质调查、"透明天津"智能化空间信息大数据服务平台和促进"一带一路"国际矿业发展。该建议先后获得天津市委、市政府主要领导的批示和自然资源部、中国地质调查局的肯定（图 3-5）。

图 3-5　天津地质调查中心与天津市规划和自然资源局共商地质调查"转型升级"

(五)支撑服务脱贫攻坚和乡村振兴

2016—2020年,为全面贯彻落实《中共中央 国务院关于打赢脱贫攻坚战三年行动的指导意见》,落实自然资源部打赢脱贫攻坚战三年行动方案的总体要求,发挥地质工作在精准扶贫中的作用,天津地质调查中心精准对接地方需求,先后在河北省平泉市、沽源县、饶阳县、阜平县、顺平县、张北县和尚义县等地区开展1∶5万土地质量地球化学调查工作,摸清了调查区土地质量家底,发现一批富硒、富锌和富钼的特色土地资源和特色农产品,圈定特色土地资源118万亩(1亩=666.67m²),支撑服务河北顺平金线河现代农业产业园区获批首批天然富硒土地(图3-6～图3-9)。

图3-6 2020年6月,汪大明同志向顺平县人民政府移交调查成果

图3-7 2018年12月,朱群同志向张北县人民政府移交调查成果

图3-8 2018年9月,高新平同志向顺平县人民政府移交调查成果

图3-9 2017年5月,赵凤清同志向沽源县人民政府移交调查成果

二、支撑服务山东半岛蓝色经济区重点区域发展

2013—2015年,中心与山东省国土资源厅、潍坊市人民政府合作开展潍坊滨海地区区域地壳稳定性调查评价工作,创立了"部-省-市-县(区)"央地四级联动新模式。完成

的1∶5万区域地质调查、水文工程地质调查和活动断裂调查评价工作,有效服务滨海地区规划建设。相关成果荣获山东省国土资源科学技术奖一等奖。

三、汛期地质灾害防御驻守和典型区地质灾害监测研究

2020年以来,为落实自然资源部支撑汛期地质灾害防御工作部署要求,中心组织相关技术人员分赴津、晋、鲁、豫、蒙等五省(区、市)持续开展华北地区汛期地质灾害防御技术支撑常态驻守,协助5省(区、市)自然资源主管部门指导开展地质灾害风险会商研判、趋势预测和避险转移,有效防范、及时响应处置重大灾情险情,着力减少人民生命财产损失(图3-10)。

图3-10 汛期地质灾害风险排查与监测预警实验普适型仪器安装督导

为加快推进地质灾害防治体系建设,进一步提升地质灾害监测预警专业化水平,提高"人防+技防"科学防范能力,自然资源部在山西省连续两年实施了地质灾害群专结合监测预警实验共1210处,天津地质调查中心承担了该项工作的全流程科技支撑服务。

中心开展了华北山地丘陵区黄土地质灾害风险评价与区划研究,在太行吕梁山区典型乡镇开展了地质灾害精细调查,查明了地质灾害孕灾背景条件,结合普适型监测设备的安装与监测,研究了地质灾害形成机理与成灾模式,初步探索建立了华北山地丘陵区黄土地质灾害风险评价与区划技术理论体系。

第二节 海岸带与第四纪地质研究在发展中转型升级

2013年以来,海岸带与第四纪地质研究依托天津地质调查中心传统优势学科第四纪地质学,聚焦海岸带重大地球系统科学问题,开展海岸带与第四纪地质调查研究,牵头实施中国地质调查局海岸带综合地质调查工程。工作区立足环渤海,辐射全国海岸带地区。工作内容聚焦在海岸带自然资源(海岸线、滨海湿地、牡蛎礁、贝壳堤等)、重大工程地质安全(港口、围填海等)、海岸带陆海统筹"双评价"及国土空间规划、海岸带生态保护修复等4个支撑服务方向。

一、海岸带综合地质调查能力不断增强、领域不断拓展,引领示范成效显著

2013—2015年,中心围绕海岸带地质环境演化、海面变化及其影响、围填海环境影响等方面,承担地质调查工作项目7项,围绕天津滨海新区规划建设与灾害防控,先后实施了天津滨海新区海岸带环境地质调查、天津滨海新区地质环境调查、天津滨海新区围海造陆区环境地质调查评价等3轮地质调查项目。围绕潍坊滨海地区地质安全,开展了山东1:5万小青河口等4幅区调、潍坊市滨海区区域地壳稳定性调查。同时,围绕气候变化、沉积环境演化,实施了天津滨海新区海平面变化预测研究、新近纪以来沉降海岸与西部湖盆环境深钻对比研究、中国气候变化的海岸带沉积记录研究。

2016—2020年,围绕海岸带自然资源管理、重大工程地质安全、国土空间规划和生态保护修复,先后牵头实施了海岸带综合地质调查工程、海岸带生态地质调查工程,首次搭建了"大区中心+专业所"的工作组织体系,按照"陆海统筹、以陆促海、以北带南"的工作方针,系统调查研究了全国海岸带资源禀赋、地质环境条件及生态地质背景,经过多年的工作实践,基本形成"陆海统筹、南北并重"海岸带综合地质调查新局面。

依托20多年海岸带地质调查研究的积累,围绕支撑落实自然资源"两统一"职责,中心率先启动了津冀沿海资源环境承载能力调查项目。随后,围绕生态保护修复,启动黄渤海重点生态修复区综合地质调查。通过这2个项目的实施,构建了海岸带陆海统筹调查技术方法体系、海岸带多圈层监测体系,有效引领全国海岸带地质调查工作。

二、基本查明我国海岸带自然资源禀赋与地质环境背景,有效服务了央地自然资源管理

初步查明了我国海岸带地区海岸线、滨海湿地、地质遗迹等自然资源现状,编制了《中国海岸带地质调查报告(2018年)》《中国海岸带资源环境图集(2018年)》及沿海11省(区、市)海岸带自然资源图集报告等,得到中国地质调查局、自然资源部有关司局的肯定。

2017年9月,协助中国地质调查局在秦皇岛召开海岸带地质调查工作研讨会,系统总结了1999年以来海岸带地质工作取得的成果成效,研讨了下一轮海岸带地质工作主要方向。

2018年11月,协助中国地质调查局在海口召开海岸带地质调查工作会议,自然资源部党组成员、中国地质调查局局长钟自然出席会议(图3-11)。中国地质调查局发布了《海岸带综合地质调查实施方案(2018—2025年)》,并向沿海11个省(区、市)赠送了海岸带地质调查成果,开创海岸带地质调查工作的新局面。

图3-11 海岸带地质调查工作会议

三、突破陆海统筹的滩浅海区调查技术瓶颈,海岸带综合地质调查工作引领示范成效显著

泥质滩浅海地区地质条件特殊,一直是海岸带地质调查的困难区。2017年以来,我中心在泥质滩浅海地区运载装备取得重要进展,首次将两栖船、无人艇、无人机应用于海岸带地质调查工作,大幅提高了工作效率。同时期,为了查明地质结构,提高调查精度,引进了中剖、单道地震、多波束、测深型侧扫声呐等调查监测设备,具备了100m以浅地层

结构精细刻画的能力,形成了陆域"钻探物探并举"和海域"物探为主,辅以钻探与海洋水动力环境"的陆海统筹地质调查工作模式,突破了陆海统筹的滩浅海区调查技术瓶颈,破解了陆海统筹调查"关键一公里"问题。依托曹妃甸综合观测站与天津滨海新区地面沉降监测站,打造了津冀沿海"空陆海"综合地质调查监测示范基地,构建了津冀沿海地应力、地下水、地面沉降、海洋水动力、侵蚀淤积、气象、水文等综合监测网络,成功研发新型"波潮仪",组织编制滩浅海区地球物理勘探、陆海统筹海岸带地质环境监测等11项技术指南或要求,使海岸带综合调查监测水平达到国内一流(图3-12)。

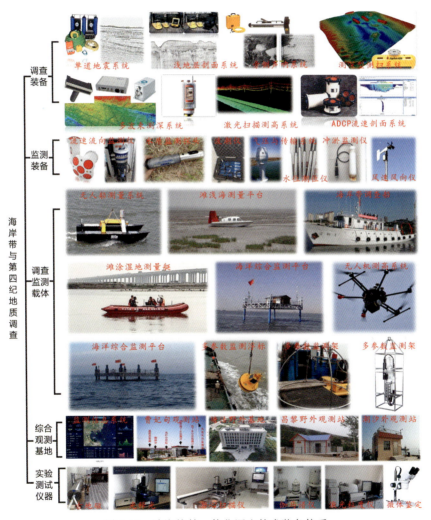

图3-12 陆海统筹一体化调查技术装备体系

四、国际交流合作和成果转化应用取得一定成效

2013年获批建立了中国地质调查局海岸带地质环境重点实验室,2016年通过验收,

正式挂牌运行。2020年，获批建立中国地质调查局海岸带地球系统科学研究中心。2022年获批天津市海岸带地质过程与环境安全重点实验室，建成了古地磁、光释光、伽马能谱第四纪地质年代学实验室。近十年来，与丹麦哥本哈根大学、丹麦北欧释光测年研究中心、德国奥登堡大学、比利时皇家气象研究所、英国普利茅斯大学、利物浦大学、GEOTEK公司、荷兰联合国教科文组织水教育资源学院、美国地质调查局、史密森研究所等单位开展了学术交流与合作，团队学术国际影响力不断提升（图3-13）。

图3-13　国际交流合作照片

中心围绕河北秦皇岛、唐山曹妃甸、中新天津生态城、天津临港经济区、黄河三角洲等开发建设需求，编制了一批专题调查和应用报告并提交政府部门，多方位服务沿海城市和新城新区规划、建设和运行管理。编制《海岸线现状与变迁研究报告》《滨海湿地现状与演化研究报告》，有效支撑《海岸带生态保护和修复重大工程建设规划（2021—2035年）》编制，上报的《牡蛎礁专报》《红树林专报》获得部国土空间生态修复司的肯定。编制《津冀沿海环境地质图集》《支撑服务京津冀协同发展海岸带环境地质调查报告》等，成果提交相应省、市各级自然资源管理部门，有效支撑服务京津冀协同发展战略。

第三节　水文地质与水资源调查在历练中焕发新活力

2013年以来，围绕国家、地方重大需求积极开展水文地质与水资源调查工作，在海河流域、内蒙古内陆河流域、环渤海等地区形成了系列基础成果与服务产品，为地下水超采治理、国土空间规划与生态保护修复、水资源国情数据更新提供了重要依据，为京津冀协同发展和河北沿海经济带规划建设提供了水文地质依据。

一、以需求为导向开展重点地区水文地质与水资源调查评价工作

（一）河北沿海经济带水文地质调查成果为重点地区城市规划建设提供了支撑服务

2013—2015年，积极落实部省合作协议，发挥地质工作公益性引领示范作用，开展了曹妃甸区、唐山—秦皇岛城市规划区、河北渤海新区等滨海地区水文地质、工程地质、环境地质调查评价，有效服务了国土规划、重大工程建设、海岸带综合管理。

（二）京津冀协同发展区典型区域水文地质调查成果为脱贫攻坚和水资源合理开发利用提供了支撑服务

2016—2018年，紧紧围绕京津冀协同发展战略对水文地质工作的需求，有序组织开展了非首都功能疏解区、津保交通廊道、漳卫河流域和滹沱河—滏阳河流域等重点地区的水文地质调查工作，结合北京城市副中心——新机场及周边地区、京保石发展轴（保定段）综合地质调查工作，基本查明了工作区水文地质条件、水资源量和相应环境问题，提出了地下水资源合理开发利用建议，支撑服务了区域水资源规划利用和重大输水工程安全运营。

二、推进水文地质与水资源调查评价工作，提升科技创新能力与水平，全面支撑自然资源部履行水资源管理职能

（一）开展地下水统测与地下水资源评价，支撑服务水资源管理

2019年以来，全面开展内蒙古内陆河流域、海河北系和滦河流域地下水位统测与地下水超采评价（图3-14、图3-15），查明地下水位变化特征和地下水位降落漏斗演变规律，提出了基于地面沉降防治的地下水开发利用对策建议，支撑了地下水超采治理和全国水资源国情数据更新。

图3-14　在内蒙古内陆河流域开展地下水位统测工作

图3-15　在内蒙古内陆河流域开展水文地质调查工作

更新海河北系与滦河流域、内蒙古内陆河流域地下水资源评价关键参数,完成2000—2020年分级分质地下水资源周期评价、2020年与2021年地下水资源年度评价,提出了流域水资源开发利用建议,形成了地下水资源国情数据,服务流域水资源确权管理。

首次查明海河北系与滦河流域、内蒙古内陆河流域地下水可更新储存量、不可更新储存量、淡水储存量、咸水储存量及其空间分布特征,摸清了地下水资源储备家底,为地下水调蓄提供依据。

(二)建立了跨越多种地貌类型、覆盖主要开采层的地下水分层监测体系

构建了"地下水分层监测井-自建单井-社会民井"三级结合、"山地、平原、海岸带"综合地貌、"淡水、咸水、盐水"多水质类型的地区地下水位监测体系,揭示了山地、冲洪积平原、冲海积平原、近海地区的地下水动态特征,为地下水开发利用的长期性评价提供了重要依据。

(三)助力生态保护修复,回应社会关注焦点

2018年,习近平总书记在全国"两会"期间提出了"一湖两海"生态治理的问题,中心针对岱海开展了水平衡研究工作,进而将相关研究工作拓展至察汗淖尔、安固里淖、黄旗海、达里诺尔等高原湖泊,深入分析了内蒙古高原湖泊水平衡演变规律,系统查明了湖泊面积及土地利用变化过程,揭示了湖泊萎缩机理,提出了高原湖泊生态治理的对策建议、地下水超采区管控方案与草原生态保护修复建议,助力地方政府生态保护与修复(图3-16)。

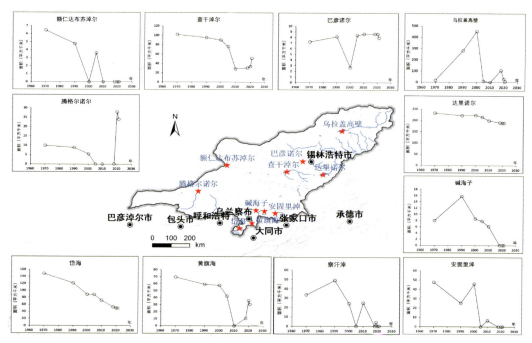

图3-16 内蒙古内陆河流域典型湖泊面积变化图

2022年,中心开展了胜利煤矿、白音华煤矿等矿业开采对生态系统影响评估有关工作,进行了蒙东煤矿开发对含水层影响研究,为政府矿山开发利用决策提供了技术依据。

2022年,编制完成《关于黄旗海流域耕地与湖泊等有关情况的报告》,支撑部高原湖泊生态治理方案编制。

(四)以科技创新为引领,推进新技术新方法应用

创新采用联合 PLSR 模型和降尺度模型方法生成海河流域高分辨率的地下水储量变化数据集,进一步提高了重力卫星解译地下水储量分辨率,为区域水资源储量变化调查提供了更加精准全面的技术方法(图 3-17)。

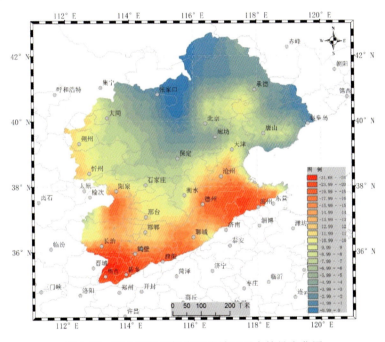

图 3-17 重力卫星解译海河流域地下水储量变化图

基于 GEE 云计算引擎,构建了遥感影像提取、预处理、NDWI 计算等湖面解译的技术流程,提高了数据处理精度和效率,实现了 8 个湖泊超过 2000 景影像水体的快速提取。

针对内蒙古内陆河流域水文地质条件和水资源分布特征,构建了高原湖泊水平衡分析的指标体系,建立了高原湖泊水循环模式。

第四节　自然资源综合调查监测和支撑督察在不断探索中提升能力

2018年组建自然资源部以来，中国地质调查局为支撑服务自然资源管理中心工作，加大了自然资源综合调查监测评价区划。因此，要求相关直属单位构建自然资源综合调查业务体系，2021年按照"新三定"规定，中心成立了自然资源督察技术室。此外，根据《中国地质调查局关于加强对国家自然资源督察提供业务支撑的工作方案》，对口支撑国家自然资源督察济南局（以下简称"济南督察局"），协助航遥中心支撑国家自然资源督察北京局（以下简称"北京督察局"），不断提升支撑督察执法核心业务能力，提高了工作的时效性、精确性。

一、以自然资源督察业务支撑为契机，积极拓宽地质调查服务领域

2019年7月，中心成立国家自然资源督察业务支撑领导小组，编制了《中国地质调查局天津地质调查中心支撑国家自然资源督察济南局、北京局工作方案》，初步明确"两局"的业务支撑重点。

2019年8月，向"两局"移交华北全区及相关分省区的《自然资源图集》《中华人民共和国多目标区域地球化学图集——海河流域平原区》《中华人民共和国多目标区域地球化学图集——黄淮海平原区》等资料，正式开启了成果服务产品支撑。

2019年8月，承担全局首个国家自然资源督察机构委托任务，推进了山东、河南两省疑似非法露天采矿、未生态修复的露天矿山摸排工作。

2019年9月，首批2名异地支撑技术人员到济南督察局工作，开启异地常驻业务支撑。全年派遣10名技术人员开展"三调"外业核查工作。

2019年10月，首期《支撑服务督察工作动态（季报）》发布，为中国地质调查局相关业务部室、对口支撑督察局领导系统掌握支撑情况提供参考，为促进各方衔接协调奠定基础。

2019年11月，与督察机构联合创建了"常驻+异地"相结合的支撑模式。

2020年3月，印发《中国地质调查局天津地质调查中心支撑国家自然资源督察工作常态化组织机制方案》，优化形成在津对口和异地常驻、应急保障、中心全员组成的"后备役"等三级支撑模式。

2020年9月，"华北地区自然资源动态监测与风险评估"项目以优秀级立项，标志着自然资源督察业务支撑工作获得稳定财政资金保障。

2020年9月,开启北京督察局常驻支撑。全年派遣15人支撑"两局"开展"三调"核查和土地例行督察等工作。

2020年10月,天津地质调查中心和航遥中心共同组织了"支撑自然资源督察工作业务部署会议",构建了支撑自然资源督察协作新模式。

2021年1月,"华北地区自然资源动态监测与风险评估"正式启动,标志着业务支撑领域从单一的国家自然资源督察拓展到自然资源部矿政执法、国土空间用途管制。

2021年,支撑完成国家级土地例行督察分析研判、山东省矿产资源督察试点、全国矿产资源督察情况汇总梳理,协助编制了《需要部层面研究完善的政策初步建议》《2021年度矿产资源督察工作报告》。

2022年4月,向自然资源部执法局提交华北地区露天矿山遥感监测成果,完成华北地区3236个露天矿山遥感监测。同时,编写了《关于河南省矿产资源督察建议的函》,得到"两局"充分肯定。

2022年8月,结合天津地质调查中心对口的指挥中心能力共建工作,首次实现联合烟台海岸带地质调查中心开展业务支撑,显著增强了支撑力度、支撑人员的稳定性。

2022年10月,编制了《天津地调中心关于支撑自然资源管理能力建设情况的报告》,首次系统梳理支撑自然资源管理的业务工作、组织机构、人才队伍、条件保障等新体系和协调合作新机制建设情况,得到中国地质调查局肯定。

二、以自然资源遥感调查监测为抓手全面提升支撑能力,为高质量发展积聚动能

(一)围绕服务黄河中下游生态保护和高质量发展推进业务支撑,工作得到自然资源督察机构的充分肯定

2019年以来,天津地质调查中心在支撑工作中谋划推进国家区域重大协调发展战略,通过支撑济南督察局工作服务黄河中下游生态保护和高质量发展,已在鲁豫等黄河下游流经省份的国土"三调"督察、土地例行督察、违建别墅督察、"大棚房"督察、矿产资源督察、耕地保护督察等日常和专项督察中,为济南督察局提供了支撑保障,得到国家自然资源总督察办公室、"两局"以及地调局领导、水环部的充分肯定(图3-18)。

(二)构建华北矿山开发利用动态监测技术体系,常态化为自然资源部矿政执法提供技术支撑

自2021年起,中心开始承担北京、河北、山西、内蒙古中西部、山东、河南等6省(区、市)的矿山开发利用状况年度、季度监测,构建了较成熟的动态监测体系。同时,正式成为部矿政执法的支撑单位,基本具备了矿产开发状况临时应急性工作的T+10监测能力(图3-19)。

图 3-18　支撑自然资源督察工作交流研讨会（2020 年 10 月，天津）

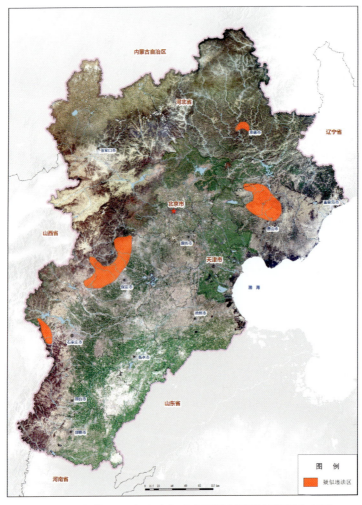

图 3-19　京冀 2021 年上半年矿山开发利用疑似问题分布图

（三）以成果服务产品形式为督察业务提供支撑服务

系统梳理基础地质、矿产地质、水工环地质调查已有研究成果，策划编制特色服务产品，目前已提供的成果服务产品主要有：京津冀、山东、河南等省（区）的《国家地质调查成果与服务产品应用手册（2000—2015年）》《华北自然资源图集》《山东自然资源图集》《河南自然资源图集》《黄河流域（鲁豫段）自然资源图集》《黄河流域（晋蒙段）自然资源图集》《中华人民共和国多目标区域地球化学图集——黄淮海平原区》《中华人民共和国多目标区域地球化学图集——海河流域平原区》等（图3-20、图3-21）。

图 3-20　华北全区及分省自然资源图集

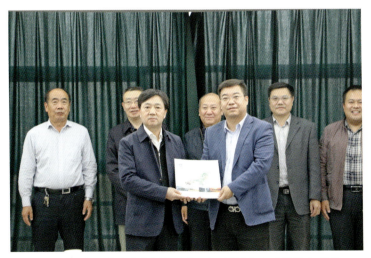

图 3-21　向国家自然资源督察"一办两局"移交成果服务产品

(四)大力发展遥感学科,面向自然资源数量-质量-生态三位一体的天空地一体化调查监测技术初现雏形

采用遥感为主的多源信息提取技术推进地质矿产调查工作。一是以二连北部低覆盖草原区、东乌旗西北部高覆盖草原区为试验区,开展了典型草原景观下的信息增强与多源信息融合、遥感地质信息解析、蚀变信息提取等技术方法研究,总结出一套适用于草原景观区的岩性增强与蚀变信息提取技术,并在试验区圈定不同类型找矿靶区12处,新发现矿点1处,发现地表矿化及矿化点20余处。二是在蒙古国南部戈壁——东乌旗成矿带开展1:50万遥感构造解译与综合研究,共解译线性构造1344条,环形构造302个,从遥感资料角度进一步确定了索伦山-西拉木伦河断裂、二连-贺根山断裂等10条区域主要深大断裂的位置及其向蒙古延伸情况,首次提出了NNE向贺根山-昌图庙断裂带和NW向翁图深大断裂的存在及其重要意义,并初步探讨了主要线、环构造的控岩、控矿特征,为区域地质背景与找矿预测研究提供了遥感资料支持。

2022年,为提升自然资源全要素快速、广域调查监测能力(图3-22),推动形成地质调查高质量发展的青年创新人才储备,通过整合中心遥感业务,加强与科研院所、高校等外部环境及单位内部的业务交流,逐步将遥感技术拓展应用于资源环境和生态保护修复等领域,形成6个自然资源遥感调查监测技术体系框架,体系囊括了遥感数据源、处理方法、应用场景、所需设备等内容,包括热红外遥感调查监测技术体系、植被高光谱遥感调查监测技术体系、地表物质成分高光谱遥感调查监测技术体系、水质遥感调查监测技术体系、大气遥感与碳循环过程遥感调查监测技术体系、InSAR遥感调查监测技术体系(图3-23)。已获批国家重点研发计划课题1项、地质联合基金1项、面上项目1项。

图3-22 工作人员在安固里淖萎缩干涸野外调查

同时,积极构建城乡规划许可监测评估技术体系、自然生态空间分区准入和转用监测技术体系,支撑国土空间用途管制政策制定。探索构建无人机二维/三维调查监测技术体系,进一步完善天空地一体化调查监测技术。

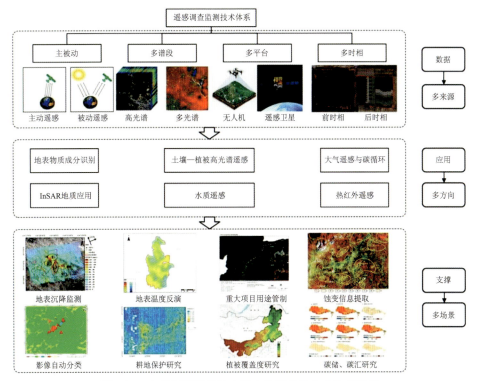

图 3-23 自然资源遥感综合调查监测总体技术体系框架

第四章
基础地质理论创新与装备能力建设

第一节 基础地质调查在不断加强中稳步改革

2013年以来,通过实施3轮造山带和平原区基础地质调查计划项目/二级项目,构建了现代填图技术方法体系,推动区调改革,提交一批基础地质矿产图件和找矿靶区,有效提高区域地质认知和社会化服务水平。在华北陆块周缘造山带取得系列原创成果,提升了造山带研究方向的学术水平和影响力;在华北平原和河套盆地开展第四纪调查研究工作,探索建立了一套平原区区域地质技术方法体系;在发展中不断拓展新领域,开展了华北平原典型区地热地质调查、北方石炭—二叠系油气资源调查,以上各业务方向取得的系列成果有效支撑了找矿突破战略行动、生态文明建设等。

一、围绕华北重大基础地质问题守正创新,引领华北地区基础地质调查

2013年以来,华北地区基础地质调查开启了新发展阶段,无论是从资金安排、项目设置,还是区域地质调查、重大基础地质问题研究成果方面均有了长足的进步。更为关键的是,在以往工作的基础上,通过几十年的努力,由传统单一的地质科研,转变为立足华北,面向国家重大需求为导向的基础地质调查和科学研究工作。从前期在全国范围内,以前寒武纪及第四纪地质为主的"一老一新"研究,转为以华北陆块区及周缘造山区和华北重要盆地为主的基础地质调查与科学研究工作,打造了一支多学科、专业齐全、年轻有为的地质队伍。

在此期间,中心组织五省两市及高校等不同类型的地质调查队伍,牵头实施了"晋冀成矿带地质矿产调查""豫西成矿带地质矿产调查""华北地区古生代以来重大地质事件与成矿作用(2010—2014)""大兴安岭成矿带(南段)地质矿产调查(2007—2015)"等计划项目以及2016—2018年"二连-东乌旗成矿带西乌旗和白乃庙地区地质矿产调查""阴山成矿带小狐狸山和雅不赖地区地质矿产调查""中条-熊耳山成矿区地质矿产调查"、2019—2021年"内蒙古温都尔庙-镶黄旗地区区域地质调查""华北地区区域基础地质调查"等5个二级项目。组织完成1:25万区域地质调查修测7幅约105 000km²,100余幅1:5万图幅。编制1:50万温都尔庙-镶黄旗地区地质图、1:50万中条—熊耳山地区地质图及1:150华北地质图。在华北陆块周缘造山带和华北平原取得了一系列原创性成果和认识,包括北山-兴蒙造山带、北秦岭造山带构造单元划分、地层格架、构造岩浆热事件及成矿地质背景,华北平原第四系结构、晚更新世以来海侵等重大地质问题。

2012—2015年,在北方内蒙古自治区实施了"大兴安岭成矿带(南段)地质矿产调查"计划项目,前期(2012—2013年)主要工作部署在内蒙古中东部的锡林郭勒盟和乌兰察布市,后期(2014—2015年)在内蒙古北山地区部署了部分工作。围绕兴蒙造山带古生代蛇绿岩带、沉积建造、构造-岩浆作用、中生代陆相岩浆作用等方面,开展1:5万、1:25万区域地质调查研究工作,新识别出二连浩特、迪彦庙等古生代蛇绿岩,基本查明兴蒙造山带古生代地层格架和构造-岩浆作用时空分布规律以及中生代陆相火山盆地分布及迁移规律(图4-1)。同时,在内蒙古北山新揭示古生代关键地层和构造-岩浆作用时空分布规律。

同期,在河南省南部豫西成矿带和河北—山西地区晋冀成矿带部署了1:5万区域地质调查,围绕北秦岭造山带、华北陆块基底组成、中新元古界盖层及中生代构造-岩浆作用等成矿地质背景和成矿条件部署工作。

另外,2012—2014年延续了"华北地区古生代以来重大地质事件与成矿作用"计划项目,将研究范围从华北地区拓展到包括西北和东北在内的整个北方地区,组织中国地质科学院、中国地质大学(北京)、西安地质调查中心、沈阳地质调查中心等单位开展北方地

图 4-1 兴蒙造山带野外考察

区古生代以来重要地质事件综合研究工作,在北方古生代造山带构造演化和东部中生代构造-岩浆及成矿作用等方面取得了一系列原创性成果。

2016年以来,根据中国地质调查局大项目机制要求,华北地区项目组织形式发生了较大变化,以成矿带关键地区为单元组织开展二级项目,2016—2018年在北方造山带部署了"二连-东乌旗成矿带西乌旗和白乃庙地区地质矿产调查"和"阴山成矿带小狐狸山和雅不赖地区地质矿产调查"2个二级项目,在河南豫西-中条成矿区部署了"中条-熊耳山成矿区地质矿产调查"1个二级项目,2019—2021年在北方造山带部署了"内蒙古温都尔庙-镶黄旗地区区域地质调查"1个二级项目。

其中通过"二连-东乌旗成矿带西乌旗和白乃庙地区地质矿产调查"和"内蒙古温都尔庙-镶黄旗地区区域地质调查"两轮二级项目工作(图4-2),结合前期资料,在兴蒙造山带新识别出多条蛇绿混杂岩,新建/重新厘定了关键地层重建了古生代地层格架,查清了古生代、中生代构造-岩浆事件序列及时空演化规律,在此基础上重新划分了古生代构造单元,恢复了造山带结构和构造演化过程。特别要提的是,通过两轮项目实施对于古生代、中生代成矿地质条件的调查和总结,在内蒙古东乌旗昌图锡力地区新发现大型银锰铅锌多金属矿产地1处,并拉动内蒙古地勘基金投入550万元开展预查工作。

图 4-2 内蒙古西乌旗野外现场会议合影

在内蒙古北山造山带开展"阴山成矿带小狐狸山和雅不赖地区地质矿产调查"和后期工作中,新识别出洗肠井等多条蛇绿岩带,重新划分了古生代地层分区,重建了地层格架,划分了古生代岩浆岩带,恢复了北山造山带和洋陆转换过程,并查明了成矿地质背景,提交西尼乌苏金矿点1处及一批找矿靶区和找矿远景区(图4-3)。

图 4-3　内蒙古北山地区野外考察及研讨会

实施的"中条-熊耳山成矿区地质矿产调查"二级项目,重建了华北陆块南部中新元古界地层格架,在东秦岭造山带中新识别出朱夏、龟山等多条蛇绿构造混杂岩带,完善了古生代地层格架,重新划分了古生代岩浆岩带和构造-岩浆热事件序列,恢复了东秦岭造山带古生代结构和构造演化过程,总结了成矿地质条件,提交3处石墨、金矿产地,新发现铌钽矿点1处,提交一批找矿靶区和找矿远景区。

2017年起,与中国地质调查局发展研究中心合作试点了智能填图系列推广工作,经过二连-东乌旗和温都尔庙-镶黄旗地区区域地质调查两轮地质矿产调查二级项目试点,搭建了智能填图工作平台并应用多学科智能填图方法,提高了工作效率和工作目的性,推动了智能填图系统应用,实现地质填图从数字化向智能化转变(图4-4)。

除此之外,2013年开始,通过在构造复杂区、造山带以及平原区实施的区调试点工作,构建了不同景观区区域地质调查技术方法体系,创新了成果表达方式。创新了"以洋板块地质学理论为指导,以追索法开展岩性-构造填图为主,辅以各类测试确定地质体属性"造山带填图方法,填制的清河沟、二龙包等6幅地质图在地调局图幅展评获评优秀,大幅提升了基础地质调查研究能力,填图方法和成果引领了国内造山带的填图,进一步促进了基础地质改革。

2011—2020年,承担华北地区新一轮地质图的编制工作,通过系统总结华北基础地质调查研究成果,首次出版《华北地区1∶150万地质图》,获2021年度天津市地质学会一等奖。

图 4-4 华北地区 1:150 万地质图

2017—2022年,承担《华北地质志》编纂工作,基本完成1:150万系列地质图件编制,包括华北地质图、构造图、变质岩图、侵入岩图等。全面梳理、总结、提升了近30年的地调与科研成果,在大地构造单元划分、地层区划、造山带结构等方面取得一系列新认识。

二、采用"部省合作"模式服务找矿突破战略,新发现一批矿产地和找矿靶区

2012年以来,探索推进基础地质调查延伸"一公里",通过实施内蒙古大兴安岭、晋冀地区以及豫西地区等基础地质调查项目,在内蒙古昌图锡力、河南内乡、内蒙古阿拉善西尼乌苏新发现银多金属、石墨和金矿产地4处,提交找矿靶区106处(图4-5)。

昌图锡力大型多金属矿是基础地质调查引领找矿突破的代表性成果。通过地质填图、物化探、槽探及钻探验证,划分出6条矿带,经计算推断资源量为银金属量1 028.35t,铅金属量11.25万t,锌金属量9.36万t,锰金属量55.24万t,达到大型银多金属矿床规模。此项工作引领了内蒙古自治区地勘基金的跟进勘查,创新了"部省合作"模式。

三、服务生态文明建设,开展华北平原北部第四纪地质调查

中心开展华北平原第四纪地质调查工作始于2000年,初期主要在渤海湾沿岸针对

图 4-5　内蒙古昌图锡力锰银铅锌多金属矿调查评价研讨会

晚第四纪海侵开展调查研究工作；自 2014 年逐步将工作区扩展至华北平原，2019 年又将调查范围扩展至河套盆地，将华北地区各盆地作为统一构造和气候模式下的整体进行调查研究。2014—2016 年，承担了"河北 1∶5 万黄各庄、大新庄、胡各庄幅区调"工作，查明了晚新生代以来华北平原北部经历的 3 个构造-沉积旋回，详细刻画了渤海湾北岸 3 次海侵沉积物的空间展布以及滦河冲洪积扇演化特征，确定了主要断裂的精确位置和活动性，建立了渤海湾北岸第四系地层格架，为区域重大工程建设、古海岸治理以及生态环境修复提供了基础资料支撑（图 4-6）。

图 4-6　2018 年滦河平原三角洲子项目野外验收

2016—2018年,承担了"燕山-太行成矿带丰宁和天镇地区地质矿产调查"项目。2019—2021年,承担了"河北怀安-内蒙古凉城地区区域地质调查"项目,同时还开展了雄安新区东北部永定河流域和河套盆地第四纪地质调查。通过项目的实施,一是总结了河套盆地东南缘的沉积环境演变历史,讨论了河套盆地东南缘不同时段的物质来源,恢复了河套盆地沉积环境变化历史,对河套古湖的演化和驱动机制进行了讨论,系统总结了河套盆地古湖演化和黄河的演化关系;二是初步建立了太行山至渤海湾晚新生代三维地质概念性模型,精细刻画了容城-天津生态廊带100m以浅河流相砂层、海相层的时空展布,分析了河海湖相互作用对区域生态环境的影响,对滨海海积平原—中部冲积平原—山前冲洪积扇工程地质条件对比、京津冀协同发展区工程地质区划具有重要意义。

四、支撑国家能源资源安全,开展了华北地区油气地质基础研究

中心开展油气工作始于2009年,承担了吉林大学负责的"全国油气资源战略选区调查与评价国家专项(第二批)"下设的子项目"冀北地区重点盆地油页岩分布与勘查开发目标优选",探讨了围场盆地的油页岩成矿条件,拉开了中心油气调查工作的序幕。

2009—2011年,开展了中石化海相前瞻性研究项目"华北地台下组合含油性研究及区带预测"下设的"燕山地区中元古界碳酸盐岩古生物学研究",编制了中元古代地层等厚图、柱状对比图等图件,厘定了岩石地层和年代地层格架,获得了大量的古生物学资料,为油气勘探中巨厚碳酸盐的生烃层位及油气关系提供了基础支撑。

2013—2015年先后开展了"华北中南部地区非常规油气选区研究""华北地区页岩气(油气)基础地质调查与潜力评价""河南洛阳-济源地区油气基础地质调查"项目,编写了《华北地区非常规能源选区研究工作技术要求(郑州会议)》,提出了非常规能源(页岩气)远景区(带)划分主要技术指标,并初步划分出37个远景区;以石炭—二叠系及三叠系主要目标层系,圈定华北地区石炭—二叠系页岩气有利区5处,预测了有利区潜在资源量。

2018—2021年开展的"北方石炭—二叠纪关键地质问题专题调查"项目,编制了内蒙古中部地区石炭—二叠纪岩相古地理系列图件,厘定了内蒙古中部石炭—二叠纪地层序列,完善了石炭—二叠纪地层格架,查明了石炭—二叠纪烃源岩及其生烃潜力;确定石炭—二叠纪地层中寿山沟组、哲斯组和林西组为有利的油气潜力层位,支撑服务了油气科技攻坚战。

2021年承担了"渤海湾盆地地质结构与深层油气综合调查"项目,2022年承担了"渤海湾盆地氦气资源调查评价"项目,开展了渤海湾盆地及周缘地区石炭—二叠纪烃源岩研究和氦气资源调查,编制完成了渤海湾盆地基岩地质图、构造单元划分图、断裂体系分布图和石炭—二叠系分布图等系列图件,为华北地区开展油气、地热、干热岩等多能源综合调查提供了资料支撑与基础数据源(图4-7)。

图 4-7　渤海湾盆地深层油气综合调查研讨

第二节　前寒武纪地质研究在坚守中取得优异成绩

前寒武纪地质一直是天津地质调查中心的传统优势学科方向。进入新时代以来，我中心前寒武纪地质研究团队追踪学科前沿，面向科技前沿与国家重大需求，在华北克拉通早前寒武纪变质基底、地球早期生命演化、晚前寒武纪地层年代格架、前寒武纪成矿作用等领域开展区域地质调查和综合研究工作，加强与相关地质研究团队的合作交流，促进前寒武纪地质学科发展和理论创新，推动前寒武纪研究平台和研究基地建设，先后承担地质调查、自然科学基金、科技部基础研究专项等项目30余项。分别在神农架世界地质公园、泰山世界地质公园、五台山国家地质公园建立前寒武纪研究基地，取得了一系列重要成果。

一、早前寒武纪地质

2013年以来，早前寒武纪地质研究团队在王惠初研究员的带领下，先后承担了"华北地区矿产资源潜力评价——华北地区成矿地质背景""华北克拉通对哥伦比亚超大陆事件的响应及大地构造格架""华北地区古生代变质作用与动力学研究""河北滦南-遵化铁矿整装勘查区关键基础地质研究""华北克拉通变质基底大地构造分区及其对成矿作用的制约""华北克拉通西缘'阿拉善地块'的物质组成及构造归属研究""内蒙古察哈尔右翼前旗1:5万等3幅区域地质调查""山西天镇幅1:5万等4幅区域地质调查""西内蒙古1:5万凉城县等3幅区域地质调查""区内蒙古黄土窑地区1:5万区域地质调查"等地质调查项目,承担"冀北赤城地区高级变质岩的变质演化研究及构造意义""阿拉善地块东缘叠布斯格地区高压基性麻粒岩的变质作用 P-T-t 轨迹研究""天镇地区与孔兹岩系共生的"MORB区型高压基性麻粒岩成因研究""华北克拉通北部古元古代造山带的结构与动力学机制研究"等自然科学基金项目。在太古宙构造体制探索、华北克拉通古元古代构造格架、前寒武纪变质作用等领域取得了原创性的进展。

一是重新划分华北克拉通早前寒武纪大地构造分区。在前人工作的基础上,梳理了华北早前寒武纪经典地区的变质地层构造格架,从成矿地质背景的角度对华北克拉通的基底构造单元进行了重新划分。组织编制华北地区1:150万大地构造相图等系列图件,将华北克拉通划分出5个太古宙古陆块和2条古元古代造山带(古弧盆系)

二是出版专著《中国变质岩大地构造》,编制《中国变质岩大地构造图(1:250万)》。通过变质岩石学、变质建造、岩石构造组合研究和分析,结合地球物理和地球化学特征,探索了我国主要变质地质单元形成时与板块构造有关的大地构造背景,提出了变质岩大地构造相分析方法和大地构造单元划分标志,建立了变质地质学与大地构造及成矿规律研究相结合的新模式。

三是深入开展高级变质岩区域地质填图,促进地调科研融合发展。2016—2021年,前寒武纪地质调查研究团队先后在晋冀蒙高级变质岩区开展了8幅1:5万区域地质调查工作。依托区调填图,编制《变质岩区区域地质调查方法指南》,构建现代填图方法体系;重新梳理了古老造山带物质组成和构造-岩浆-变质事件序列,详细解剖了古元古代造山过程与结构。"东六马坊幅(1:5万)"和"凉城县幅(1:5万)"获得全国区域地质调查优秀图幅展评优秀图幅奖,王惠初研究员入选中国地质调查局首席填图科学家,张家辉同志入选中国地质调查局图幅填图科学家。

四是编著《泰山新太古代地质演化史》,支撑泰山世界地质公园建设。应泰山世界地质公园邀请,陆松年研究员、相振群正高级工程师、王惠初研究员开展了泰山文库——《泰山新太古代地质演化史》的编写工作,对泰山前寒武纪地质研究进展进行了系统的总结,探索性开展了鲁西地区新太古代洋板块地质及板块构造研究。提出泰山地区各类新太古代岩石形成的背景与板块构造俯冲作用有关。

二、晚前寒武纪地质

以李怀坤研究员为学术带头人的晚前寒武纪地质研究团队先后承担了"中国及邻区元古宙重大地质事件及大地构造格架""中国及邻区构造框架建立中几个关键问题调查",以及"中元古代系级年代地层单位划分及标准剖面的建立""中国及邻区中、新元古代地层格架和大地构造研究""神农架群年代地层和化学地层研究""中国大地构造演化和国际亚洲大地构造图编制"等地质调查项目,承担"华北燕山中元古代早期高于庄组古生物群研究""华北燕山地区前寒武纪长龙山组和景儿峪组古生物群及其地层学意义""塔里木陆块西南缘新元古代冰碛岩的年代学与地球化学研究"等自然科学基金项目,承担"中元古界系级年代地层界线标准剖面研究"科技部科技基础性工作专项课题。在中元古代年代地层格架、同位素地质年代学、前寒武纪地层古生物等方面取得了突破性的进展,为重塑中国北方中元古界地层剖面的年代格架,重新厘定中国地层表中元古代的划分方案提供了关键的证据,对认识整个华北克拉通中、新元古代地质演化历史有重要的地质意义。

一是重建华北克拉通北缘燕辽裂陷槽中—新元古代地层年代学格架。新获得了高于庄组、铁岭组和雾迷山组凝灰岩年龄,标定了长城系常州沟组的底界年龄(1650Ma),重建了蓟县中—新元古代地层年代格架,相关成果发表在 Journal of Asian Earth Sciences、《岩石学报》、《地球学报》、《地质调查与研究》和《华北地质》,被全国地层委员会、新一轮全国地质志编写组采用。

二是开展扬子、塔里木克拉通晚前寒武纪地层同位素年代学研究。重新厘定了神农架群、大洪山群、昆阳群、会理群的年代地层序列,建立了区域地层年代学格架与对比关系,开展了塔里木克拉通中—新元古代地质研究,对塔里木前寒武纪地质进行了系统总结,相关成果分别发表在《岩石学报》《地学前缘》《地质学报》和《中国科学》等期刊。

三是系统总结中国三大克拉通晚前寒武纪地层和岩浆事件演化序列。通过对我国3个克拉通晚前寒武纪地层和岩浆岩的系统研究。全面系统地总结和阐述了华北、扬子和塔里木克拉通的中元古代地层和岩浆事件序列,并对中—新元古代超大陆演化进行了探讨。

四是中元古代早期高于庄组生物演化研究,取得了重大研究进展。朱士兴研究员在《自然通讯》(Nature Communications)杂志上报道了发现于燕山地区中元古代高于庄组(15.6亿年前)的大型多细胞生物化石群,将地球上大型多细胞真核生物的出现时间提前了将近10亿年。这项研究表明,元古宙中期地球"枯燥的10亿年"可能并不枯燥,彻底改变了以前关于地球生命早期演化的既有认识,为探索8亿~18亿年前的地球系统演化提供了新思路。该研究成果入选"中国地质调查局中国地质科学院2016年度地质科技十大进展"和"中国古生物学会2016年度中国古生物学十大进展"。

五是作为全国地层委员会中元古代工作组的牵头单位，参与了全国地层委员会对中国区域地层表的修编工作。陆松年研究员、李怀坤研究员、相振群正高级工程师负责完成了《中国地层表》(2014)的中元古代地层部分的编写，并开展了中元古代待建系地层的找寻与研究工作。

三、前寒武纪矿产

一是对华北陆块前寒武纪沉积变质型铁矿床进行了系统的总结。以苗培森正高级工程师为首的研究团队依托"晋冀成矿区地质矿产调查"计划项目，通过收集冀东和鲁豫皖、山西地区的航磁、矿产勘查资料，分析航磁异常，建立矿致异常的判别指标；在前人工作的基础上，对研究区内地层、构造、岩浆岩、区域大地构造演化特点和区域地球物理特征等作了较为全面系统的归纳总结。对华北陆块大中型沉积变质型铁矿床成矿特征、成矿时代、成矿模式、找矿标志进行了总结。建立主要矿床的矿床模式、三维模型。编撰出版了《华北陆块前寒武纪沉积变质型铁矿床》。

二是开展中国前寒武纪成矿体系研究。依托中国矿产志——中国前寒武纪成矿体系研究项目，沈保丰研究员和张阔高级工程师聚焦中国前寒武纪地质和演化特征，以前寒武纪重大地质事件和超大陆旋回的地质背景及成矿作用耦合为主线，研究中国前寒武纪成矿区带、成矿系列和成矿规律。探讨了2.6~2.5Ga大氧化事件对BIF铁矿的成矿作用影响，双成矿带对辽吉活动带硼、铅锌、菱镁矿等成矿的控制作用，白云鄂博矿床的成因，新元古代雪球地球事件与成矿作用的关系等重大基础问题。编著出版了《中国矿产地质志·中国前寒武纪成矿体系》一书。

四、前寒武纪基础地质转型升级的探索

在地质调查事业转型升级的过程中，积极探索前寒武纪基础地质研究与经济社会发展相融合，为地方政府、乡村振兴提供技术支撑服务。

一是为蓟县中新元古界国家自然保护区的建设和管理水平的提升提供了长期、持续的科技支撑服务，先后多次在蓟县组织研讨会。

二是为神农架世界地质公园建设、管理维护和科学普及工作提供了科技支撑服务，2013年10月天津地质调查中心应邀在神农架世界地质公园设立了"中国地质调查局天津地质调查中心神农架前寒武纪研究基地"，2015—2017年，承担并圆满完成了湖北省国土资源厅委托项目"神农架群年代地层和化学地层研究"（图4-8）。

三是为泰山世界地质公园的建设、维护、科学研究和科学普及升级工作提供了持续的科技支撑服务，2018年10月天津地质调查中心应邀在泰山世界地质公园设立了"中国地质调查局天津地质调查中心泰山前寒武纪研究基地"（图4-9）。

图 4-8　2013 年 10 月 18 日,时任中心党委书记的傅秉峰同志在
神农架前寒武纪地质研究基地成立签字仪式上致辞

图 4-9　2018 年 10 月 22 日,时任中心主任的孙晓明同志和泰山管委会副书记
万庆海同志为泰山前寒武纪地质研究基地揭牌

四是 2019 年以来,前寒武纪地质研究团队依托"全国地质遗迹立典调查与评价"项目,选取泰山风景名胜区外围的曹家庄村,围绕其地质遗迹资源特色鲜明、生态农业资源优势突出、人文历史遗迹源远流长等特点,着力推动曹家庄村打造"地质+生态农业"型地质文化村的发展建设模式。曹家庄地质文化村成为全国首批 8 个三星级地质文化村之一(图 4-10、图 4-11)。

图 4-10　2020 年 5 月 9 日，中心主要负责人汪大明同志赴泰山曹家庄地质文化村建设现场调研指导工作

图 4-11　2020 年 11 月 12 日，中心副主任朱群同志陪同地质文化村评审专家对曹家庄地质文化村进行现场评审

五、组织大型会议推动学术交流

一是召开神农架地区中元古代待建系研究进展野外讨论会。2014年10月20日—22日,"神农架地区中元古代待建系研究进展野外现场讨论会"在神农架召开,来自中国地质调查局系统、全国地层委员会、相关地质院校、科研院所以及神农架世界地质公园的领导和专家30余人参加了这次会议。天津地质调查中心李怀坤研究员介绍了神农架地区中元古界研究的最新进展,确立了神农架群属于中元古界上部的年代学属性。在最后的总结会议上,与会专家均表示应该设立专项项目进一步深入研究、厘定神农架群的岩石地层序列和年代格架,为中元古界待建系的研究建立提供备选剖面。

二是联合主办"变质岩与前寒武纪地质学2017年全国学术研讨会"。2017年5月,依托中国地质学会前寒武纪地质专业委员会,与中国矿物岩石地球化学学会变质岩专业委员会联合主办了"变质岩与前寒武纪地质学2017年全国学术研讨会"。会议在北京中国科学院地质与地球物理研究所召开,由地质与地球物理研究所与天津地质调查中心联合承办,全国20多个单位的200多名正式代表参加了会议。会后170余名代表参加了野外考察,考察了华北克拉通西北部古元古代高压麻粒岩、超高温麻粒岩、石榴石花岗岩、孔兹岩系和基性岩墙群的若干极具代表意义的典型剖面,代表们就早期板块构造的相关科学问题展开了广泛深入的交流和讨论(图4-12)。本次会议对推动我国变质岩与前寒武纪地质学的发展有重要作用。

图4-12 2017年5月9日,参加野外考察的代表在内蒙古乌兰察布市丰镇市红砂坝考察途中合影

第三节 勘查装备和技术在实践中快速发展

2013年以来,完成了地球物理地球化学遥感调查等为主的72个地质调查项目,其中29项成果报告评为优秀。完成专著3部,论文38篇,软件著作权3项,专利3项。创新了方法技术,获得新成果:在华北地区矿产资源潜力评价中,更新了华北物化遥基础数据库,提高了华北数据资料的完整性和集中度;对津巴布韦进行超低密度化探扫面,获得了全国地球化学背景特征,新发现几处成矿地球化学省,成果被津巴布韦政府所采用;开展海岸带地区地球物理方法创新性试验,建立了陆海统筹地区地球物理调查技术方法体系,支撑全国海岸带综合地质调查工作;通过地震、电法、重力等综合物探工作,为铀矿找矿突破提供支撑;开展京津冀协同发展区耕地地球化学调查工作,有效支撑服务脱贫攻坚和乡村振兴;首次获得了冀东地区1:5万高精度重力调查数据,为地方战略性地质矿产找矿突破提供导向;通过系列方法技术试验,在1:5万重力调查地形改正、GPS测量、物性测量、重磁数据处理、草原浅覆盖区化探取样、典型草原区遥感地质调查等方面取得技术创新。

一、地球物理勘查成果

2007—2013年,承担"华北地区矿产资源潜力评价重力(磁法)资料应用研究"课题,对华北地区19个三级成矿带、22个矿种的51个重点预测工作区进行了1:5万~1:20万的重磁基础图件的编制和综合研究,对汇总优选的22个矿种、57个典型矿床、53个预测工作区进行综合研究,为系统地建立找矿预测综合模型和开展矿产预测奠定了基础(图4-13)。

2012—2015年,承担"区域地球物理成果集成与方法技术研究(天津)"项目,对华北地区历年来的区域重力、航磁以及区域地质矿产、地球化学调查等资料进行了全面的收集和梳理,更新了华北地区重磁基础数据库。编绘了华北大区、大兴安岭成矿带西南段、晋冀成矿带、豫西成矿带、整装区3个层次的重磁基础图件和推断解释成果图件,并分别对3个成矿带主要重磁异常进行了分析研究,圈定找矿远景区,为指导区域矿产资源评价提供了重要的参考资料。

2010—2015年,开展冀东1:5万高精度重力调查工作,系统编制了迁西—迁安地区1:5万布格重力异常、自由空间重力异常等相关基础图件和推断解释图件,为本区的基础地质构造研究、铁矿和金矿等矿产资源预测、地质灾害防治以及其他相关领域的应用研究提供了高精度高质量的基础资料和依据,为战略性地质矿产调查的找矿工作部署、矿产资源整装勘查区隐伏铁矿的找矿突破提供导向(图4-14)。

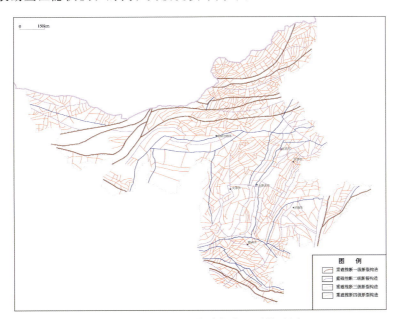

图 4-13 华北重磁综合推断地质构造图

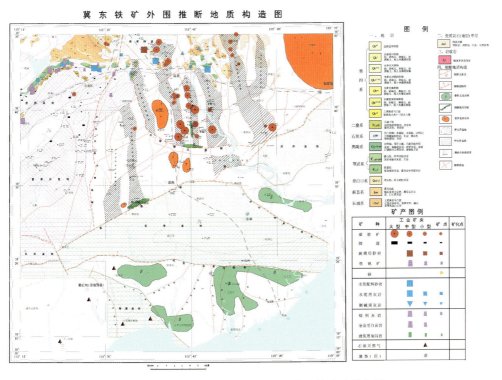

图 4-14 冀东铁矿外围地区重力推断含铁建造分布图

2013年以来,电法工作主要服务曹妃店地区区域稳定性与环境评价、莱州湾地区区域稳定性评价、黄淮严重缺水地区地下水勘查、潍坊市滨海区区域地壳稳定性调查评价等水文工程和环境地质调查方面的课题任务,均取得很好的应用效果。

2017—2021年,把地球物理勘查方法成功应用于城市地质调查工作中,构建了雄安新区200m以浅地层结构地球物理精细探测技术方法体系,该体系评价了雄安新区200m以浅地层结构探测的17种物探方法的有效性、经济性和分辨率(表4-1),总结出针对不同工况、不同深度探测有效方法组合,编写了《城市地下空间地球物理调查规范》。

表 4-1　评价雄安新区 200m 以浅地层结构 17 种物探方法的有效性、经济性和分辨率

方法\深度	探地雷达			高密度电法(2D&3D)			浅层地震横波反射法			浅层地震纵波反射法			主动源面波			被动源面波			等值反磁通瞬变电磁		
	适用性	经济性	分辨率	适用性	经济性	分辨率	适用性	经济性	分辨率	适用性	经济性	分辨率	适用性	经济性	分辨率	适用性	经济性	分辨率	适用性	经济性	分辨率
0-3m	●	★★★	★★★	●	★★	★★★	●	★★	★★★	●	★	★★★	●	★★★	★★★	●	★★	★★★	●	★★	★★★
3-20m	●	★★★	★★★	●	★★	★★★	●	★★	★★★	●	★	★★★	●	★★★	★★★	●	★★	★★★	●	★★	★★★
20-50m	●	★★★	★★★	●	★★	★★★	●	★★	★★★	●	★	★★★	●	★★	★★	●	★★	★★★	●	★★	★★★
50-100m	●	★★★	★★	●	★★	★★	●	★★	★★★	●	★★	★★★	●	★★	★★	●	★★	★★	●	★★	★★
100-200m	●	★★★	★★	●	★★	★★	●	★★	★★★	●	★★	★★★	●	★★	★	●	★★	★★	●	★★	★★

方法\深度	微动测量			大定源瞬变电磁			中心回线瞬变电磁			音频大地电磁法(BH-4)			可控源音频大地电磁法			广域电磁法 WFEM			CMD&GEM-2 电磁仪		
	适用性	经济性	分辨率	适用性	经济性	分辨率	适用性	经济性	分辨率	适用性	经济性	分辨率	适用性	经济性	分辨率	适用性	经济性	分辨率	适用性	经济性	分辨率
0-3m	●			●			●			●			●			●			●	★★★	★★★
3-20m	●	★★	★★	●			●			●			●			●	★★★	★★★	●	★★★	★★★
20-50m	●	★★	★★	●	★★	★	●			●		★	●	★★	★★	●	★★★	★★★	●	★★★	★
50-100m	●	★★	★★	●	★★	★★	●	★	★	●	★★	★★	●	★★	★★	●	★★★	★★★	●	★★	
100-200m	●	★★	★★	●	★★	★★	●	★	★	●	★★	★★	●	★★	★★	●	★★★	★★★	●		

二、地球化学勘查成果

2013—2016年,完成了内蒙古勃洛浑迪幅、贺斯格乌拉牧场幅及石灰窑幅1∶5万化探扫面,首次获得了调查区的1∶5万化探数据,填补了化探资料空白,发现5处物化探综合异常区,具有重要的找矿意义。同时,开展了浅覆盖区化探取样方法试验,对多种采样工具在半干旱—半湿润草原景观区的方法有效性进行评价,总结出一套适合该区的取样工艺方法,为以后相同景观区化探取样提供参考。

2016—2018年,组织实施了京津冀鲁耕地区土地质量地球化学调查项目,系统整合、评估黄淮海平原全域54项元素指标高精度海量数据,实现横跨多省、多时段的大区域数据无缝拼接,构建大区域土壤地球化学基准值和背景值。完成黄淮海平原区多目标区域地球化学系列编图与出版工作,发现一批可开发的绿色富硒、富锌等特色土地资源和特色农作物,系统回答了黄淮海平原区的土地质量状况和国家与社会高度关注的粮食与果蔬生产等食品安全问题。分析研究了京津冀协同发展区的土地质量现状,编制了土壤质量分级图和《京津冀协同发展区土地质量地球化学调查研究报告》,在京津冀协同发展战略的推进及重大工程决策过程中发挥了基础性先行作用;查明了雄安新区的土壤本底和环境质量现状,进行了生态风险评估,编制了《雄安新区土地质量地球化学调查报告》,为雄安新区的土地利用规划提供了先导性地质成果服务(图4-15)。

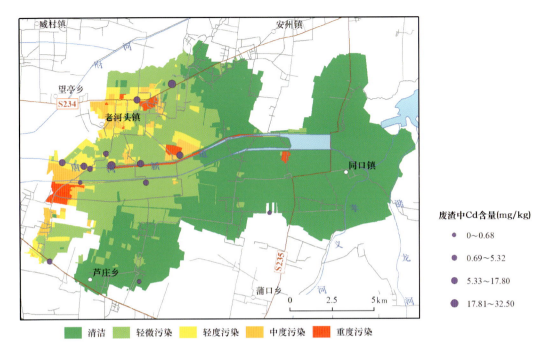

图 4-15 雄安新区西南部土壤环境质量综合评价图

三、现有仪器设备

重磁仪器：美国产 CG-5 型自动读数重力仪 8 台；美国产 G-858 陆地型铯光泵高精度磁力仪 4 套。

电法仪器：加拿大产 V8 多功能电法仪 1 套，美国 AGI 公司的 SuperSting R8/IP 八通道高密度电法仪 1 台，美国 GEOMETRICS 公司和 EMI 公司联合研制的 Stratagem EH-4 型连续电导率剖面仪 2 台，10kW 大功率激电仪 1 台。

地震仪器：法国 sercel428 三维地震采集系统 1 套（1272 道），SE2404NT 型地震数据采集系统 1 套，美国 IVI 公司产 MinivibⅡ可控震源 1 台。

测绘设备：Trimble-5800 高精度 GPS 4 台，徕卡测地型 GPS 10 台。

测井：综合常规测井和放射性测井 2 套。

其他设备软件：GEOSOFT、RGIS、金维、MAPINFO 重磁电化探等各种数据处理、定量反演及成图软件。

第四节　信息化赋能华北地质调查转型发展

2013年以来,天津地质调查中心信息化建设飞速发展,以信息化驱动地质调查、管理与服务方式的转变,构建新时代地质调查工作转型信息化引擎,初步建立完成了四大体系:地质数据汇聚与动态更新体系、地质信息产品研发与服务体系、信息系统决策与服务应用体系、基础设施维护及安全保障体系,全面提升了天津地质调查中心地质调查工作效率,社会化服务成效日趋明显。

信息化发展分为两个阶段,2013—2016年,中心信息化建设为平稳积累期,主要围绕在国家地质数据库建设与维护、专业数据库建设、地质资料集成与共享服务等方面,侧重数据与资料的数字化积累,为地质调查提供各类基础数据资源与集成化信息。2017—2022年,中心信息化建设为飞速发展期,以"地质云"华北分节点建设为核心,2017年上线"地质云"1.0华北分节点,2018年上线"地质云"2.0华北分节点,2020年上线"地质云"3.0华北分节点,2022年完成中心地质调查信息化"十四五"规划编制,侧重地质大数据动态汇聚与管理、地质调查信息化和智能化工作模式建立、地质调查信息产品的高效共享和精准服务与"地质云"华北分节点的安全稳定运行,全面支撑重大地质科技攻坚与国土空间规划,为服务国家经济社会发展与生态文明建设提供高效、快捷的数据信息保障。中心、信息化十年大事记如图4-16所示。

图4-16　中心信息化十年大事记

一、构建了华北分中心地质数据汇聚与动态更新体系

2013年完成华北矿产资源潜力评价综合信息集成专题建设,组织更新维护华北各省18类基础数据库,建设华北五省两市24个矿种专题成果空间数据库19 096个,汇聚形成华北地区矿产资源潜力评价资料性成果集成数据库,入库数据量412GB。该数据库可为政府矿产资源规划与勘查开发、产业结构布局等提供权威数据基础。

2015年承担完成"区域地质图数据库建设(华北)"项目,完成了华北地区422幅1:5万区域地质图空间数据库的回溯性建库工作,同时积极开展成果应用转化与服务,为华北地区地学研究和社会生产实践提供了基础数据支持,全面提升了地质数据库成果为社会服务的能力。

2017—2022年,建设与更新维护地质大数据华北分节点,实现了云上6类国家核心数据库的更新维护与共享服务,包括华北矿产地、华北"一张图"工作程度、华北同位素、华北区调-矿调目录数据库、全国海岸带地质环境数据库与南部非洲地质矿产数据库,全面构建了中心国家核心地质数据库更新维护体系。在业务网完成1641个钻孔,47 622个地球化学采样点发布共享,为"地质云"提供了大量可在线分析计算数据资源,为地质数据挖掘分析与辅助决策应用提供基础数据支持(图4-17)。

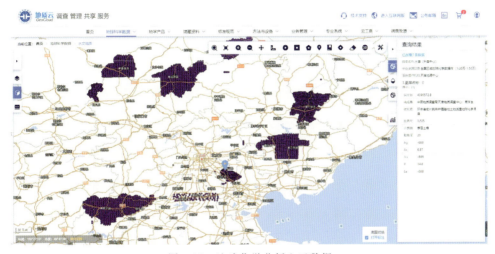

图4-17 地球化学分析上云数据

2020—2022年,初步构建了华北地球科学"一张图",完成中心核心原始与成果数据的整合,集成钻孔13.3万条、地球化学采样点15万条、样品测试数据15万条、监测数据46万条等,全面激活了数据要素活力,为区域数据一体化管理打造了示范样板。

二、完善了华北分中心地质信息产品研发与服务体系

2015年,实施了地质调查数据集成与服务系统建设(华北)项目,围绕国家重点需求开发"五重地区"服务产品,完成了华北地区地质调查资料资源的数据化与集成汇聚,建立了产品体系,积极开展了成果应用及服务。

2017—2022年,通过"地质云"分节点全面推进中心权威地质信息服务产品云上共享。上云发布京津冀协同发展、海岸带生态环境与南部非洲矿业资源信息等权威服务产品1707个,"地质云"服务专题3个,强化地质信息产品的精细化服务(图4-18)。搭建完成了地质调查成果产品开发顶层设计,建立了基于数据驱动的地质信息产品开发与服务

体系框架,实现了产品跟踪、包装、策划与研发等全流程信息化支撑,为地质调查数据与地质成果及时转化和精细化服务奠定技术基础。2019—2022年云上数据产品提供浏览7.8万次,下载8.38万次,社会化服务与共享规模不断扩大。

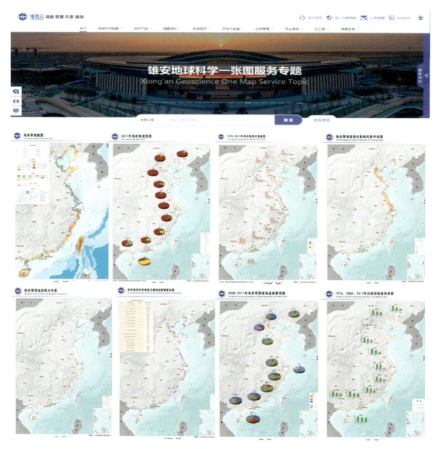

图4-18　雄安地球科学"一张图"专题海岸带权威地质信息服务产品

三、建立了华北地质信息系统决策与应用服务体系

依托云计算、大数据和人工智能3项核心技术,构建可复用的信息服务系统框架,全力支撑地质业务全过程信息化管理与智能分析决策。通过与"地质云"高效融合,自主研发了成果资料空间查询系统(2015年)、全国地质调查工作程度查询服务系统(2019年)与地质信息综合应用服务平台(2020年)等3个基础地质信息系统,实现了地质信息一站式管理与应用服务,全面提升了地质信息服务系统易用性、高效性和便捷性。研发了砂岩型铀矿钻孔数据库服务系统(2015年)、京津冀地质信息管理与服务系统(2016年)、海岸带地质信息服务平台(2019年)和南部非洲地学信息服务系统(2021年)4个专业信息系统,全力支撑地质业务全过程信息化管理与智能分析决策(图4-19～图4-21)。同时,

建立了中心综合业务服务系统,有效提升了业务协同管理能力和治理效能,实现了从基础软件平台到辅助决策系统,以信息化带动地质调查工作向易用性、高效性和便捷性转变。

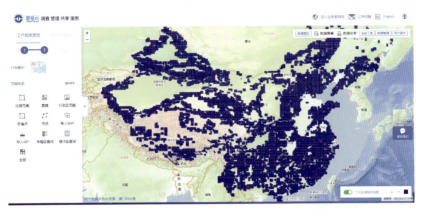

图 4-19　全国地质调查工作程度查询服务系统

图 4-20　地质信息综合应用服务平台

图 4-21　海岸带地质信息服务平台

四、建设了华北分中心基础设施维护及安全保障体系

2017—2018年,建设完成华为私有云"地质云"分节点基础设施与智能模块化机房,实现了各类基础设施一体化监控与管理。集成了计算节点服务器6台,控制节点服务器3台,存储控制器2台,物理硬盘容量达到90TB,总计算容量达到800GHz,内存容量达到1165GB,可用存储空间达49TB,系统正在运行虚机38台,有效保障地质调查各类信息系统安全稳定运行与基础设施的高效协同共享,地质调查业务支撑与服务能力大幅度提升,保证了"地质云"华北分节点的安全稳定运行。

2019—2022年,搭建完成中心安全管理、安全技术、安全服务的信息安全控制体系标准,建立了满足三级等级保护整体安全控制要求的安全保障体系与态势感知主动防御体系,部署了各类网络安全设备共16台,极大地增强了中心地质调查网络全流程安全防御和应急处置能力(图4-22、图4-23)。

图4-22 智能模块化机房

图4-23 态势感知系统

五、稳步提升《华北地质》期刊的影响力和图书资料的服务质量

2021年,中心期刊《地质调查与研究》更名为《华北地质》,2022年期刊影响因子创新高,复合影响因子和综合影响因子分别为3.388和3.200,影响力指数在105个地质学类刊物中排第29位,持续入选《中国学术期刊影响因子年报》统计源期刊,并被万方数据、维普数据中心等权威数据库收录。

信息化室现管理原始地质资料565档,各种比例尺地形图6500余幅,接收服务华北地区成果地质调查资料共1249档。图书馆馆藏中文图书有13 155册,中文期刊有150余种、6587套、42 436册,外文书、刊4629套,其中外文期刊63种,中国学术期刊全文数据库1个。

第五节　实验测试支撑地调科研创新发展

2013年以来,中国地质调查局天津地质调查中心实验测试室(国土资源部华北矿产资源监督检测中心)坚持"科学、准确、及时、公正"的原则,为中心地质矿产研究和调查以及科研工作提供了准确的测试数据及信息,而且向全国的高校、科研单位、地勘单位、冶金、有色、商检、环保、工矿企业等提供了技术服务,获得了良好的社会信誉。目前,实验测试室拥有国家级检验检测机构资质认定证书(CMA)(图4-24),检测范围涵盖基础地质调查、矿产资源勘探、水文地质等多个领域。主要承担地质调查和科研研究项目中的岩石矿物化学分析、地质年代学研究和岩矿鉴定等工作,针对测试工作中的疑难问题,积极组织新技术、新方法研究和科技攻关,开展对外合作和交流,为地质调查和科研提供技术支撑。

图4-24　检验检测机构资质认定证书

一、实验测试室建设情况

近年来,实验测试室积极拓宽新的服务和研究测试领域,进行资质认定扩项工作,并顺利通过资质认定复评审工作,深入推进实验测试室标准化、规范化建设,着力提高实验技术水平,完成了化学分析、同位素及岩矿鉴定等分析任务,提供了一大批高质量的数据,获得院校、科研等单位的信赖。同时,在新技术、新方法和研制各类检测标准物质中

也取得了重要成果。

目前,拥有世界上较为先进的激光剥蚀多接收器电感耦合等离子体质谱仪、高分辨等离子体质谱仪、热电离质谱仪、飞秒激光器、电子探针、激光拉曼光谱仪、电感耦合等离子体质谱仪、X射线荧光光谱仪等进口大型分析仪器和国产配套仪器设备53台套,固定资产折合人民币4651万元(图4-25、图4-26)。检测中心现有使用面积3000余平方米,建有200m² 的超净化学前处理和样品制备室,超净实验室采用智能自动化控制系统,对各单元排风进行独立控制和监测。

图4-25 激光剥蚀多接收器电感耦合等离子体质谱仪　　图4-26 热电离质谱仪

实验测试室的特色是高精度同位素地质年代学和同位素地球化学研究,Rb-Sr、Sm-Nd、ID-TIMS U-Pb法、含铀矿物微区原位U-Pb、Lu-Hf同位素分析技术方法和测年标样研制在国内外同行业处于领先水平。高精度ID-TIMS U-Pb同位素测年是自然资源部系统的实验室中唯一单位,为保持ID-TIMS同位素测试技术方面传统优势,坚持加强超净化实验室的专业管理和建设,不断提高超净实验室样品处理能力,在国内最先进行了多种非锆石类含铀矿物ID-TIMS和LA-MC-ICPMS U-Pb测年研究,建立了锡石、磷灰石、独居石、金红石、铌钽铁矿和铀矿等测年方法,相关成果均已公开发表。激光剥蚀多接收等离子体质谱和热电离质谱实验室为24小时对外开放实验室,获得了大批高精度高质量的同位素测年数据,同位素的研究工作得到科技部仪器条件平台科研专项的认可和支持。

近年来,同位素年代学研究发展方向是测定精度和准确度更高,同时,测定的空间分辨率也更高。实验测试室按照这一学科发展方向,发挥在矿物微区原位测定和高精度热电离质谱测定方面的优势,进一步提高分析测试水平。据统计,近几年国内外学者利用本实验室同位素数据,每年发表SCI、EI以及国内核心期刊论文150篇左右,其中每年SCI论文40多篇。10年来,同位素地质年代学研究团队成功获得国家自然科学基金项目11项。

二、检测工作种类

(1)同位素定年主要包括锆石、锡石、独居石、金红石、磷灰石、铌铁矿、铀矿等矿物微区原位 U-Pb 测年,含铀矿物 ID-TIMS 高精度 U-Pb 测年和标样研究,以及 Rb-Sr、Sm-Nd 等时线测年。

(2)同位素地球化学分析,包括锆石微区原位 Hf 同位素测定以及全岩-矿物 Sr-Nd-Pb-Hf 同位素分析。

(3)岩矿鉴定和微区原位分析,包括岩石和矿物的镜下鉴定、电子探针分析、扫描电镜分析、LA-ICP-MS 微区元素分析和激光拉曼光谱分析。

(4)岩矿及土壤分析,包括岩石化学分析,稀土元素、微量元素、成矿元素分析,物相分析以及单矿物分析。

(5)区域地球化学勘查样品元素分析。

(6)水质分析,包括水质全分析和水质简分析。

三、学术交流合作

(一)承办组织重要学术会议和交流

2013 年 9 月 23 日—25 日,第十届全国同位素地质年代学与同位素地球化学学术讨论会在天津成功召开,此次学术大会由中国地质学会同位素专业委员会、中国矿物岩石地球化学学会同位素地球化学专业委员会主办,由中国地质调查局天津地质调查中心实验测试室和国土资源部同位素地质重点实验室负责筹备组织,与会代表超过 400 人,本实验室同位素研究团队在大会上进行了主题发言和数项研究成果汇报(图 4-27 左)。

2017 年 9 月 14 日—15 日,由中国地质调查局天津地质调查中心实验测试室和武汉地质调查中心实验室联合主办,赛默飞世尔科技(中国)有限公司协办的"第一届同位素分析技术及其在地质调查中的应用研讨会"成功召开,本次会议围绕同位素质谱分析技术研究进展及其在地质年代学、同位素示踪和同位素地球化学等领域中的应用进行了成果汇报和学术交流(图 4-27 右)。

图 4-27 中心组织重要学术会议

2017年6月19日—21日，实验测试室组织举办了"天津地质调查中心铀矿测试新技术新方法研讨会"，邀请国内很有影响力的同位素专家开展了专业交流。

10年来，实验测试室科技人员积极参加了"前寒武及深部探测国际会议"，"变质岩与前寒武纪讨论会"，"中国地球科学联合学术年会"，第六届、第七届"亚太地区激光剥蚀与微区分析研讨会"，"中国质谱学术大会学术研讨会"，"中国地质学会学术年会"，"同位素地质专业委员会成立三十周年——暨同位素地质应用成果学术讨论会"，"固体地球科学重点实验室联盟实验技术与应用年会"，第十届、第十一届、第十二届"全国同位素地质年代学与同位素地球化学学术讨论会"，"第九届世界华人地质科学研讨会"，"第十一届全国地质与地球化学分析暨第十二届全国X射线光谱学术报告会"，"中国地质学会全国青年地质大会"，"第五届全国地质与地球化学分析青年论坛"学术研讨会，进行了重要成果汇报，获得同行的一致好评，并在不同学术会议取得奖项。

（二）国内交流与合作

实验测试室一直注重对外开放交流，与中国科技大学、中国科学院地质与地球物理研究所、中国科学院青岛海洋所、东华理工大学、国家地质实验测试中心、中国地质科学院地质研究所、中国地质科学院资源研究所、广州地球化学研究所、贵阳地球化学研究所、西北大学、吉林大学、中国地质大学（武汉、北京）、华南理工大学、中国计量科学研究院、内蒙古地质调查院、核工业北京地质研究院、中陕核工业集团综合分析测试有限公司、山东地质科学院、中国石油勘探开发研究院、中国地质科学院地球物理地球化学勘查研究所、广州海洋局、青岛海洋所、各省局实验室以及沈阳、南京、成都、西安、武汉地质调查中心和哈尔滨、呼和浩特和廊坊自然资源综合调查中心等实验室一直保持良好的业务交流合作关系。

（三）国际交流与合作

近年来，邀请国外同行专家进行专业技术交流，开拓思路，取长补短，在学习交流中受益匪浅（图4-28、图4-29）。

图4-28　韩国基础科学研究院（KBSI）Chang-sik Cheong博士到实验测试室交流

第四章 | 基础地质理论创新与装备能力建设

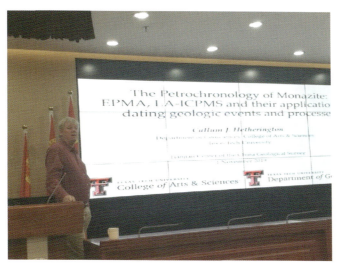

图 4-29 美国得克萨斯理工大学 Callum J. Hetherington 教授到实验测试室交流

2014年5月，天津地质调查中心实验测试室相关技术人员到德国赛默飞世尔（Thermo Fisher Scientific）不莱梅工厂参加了多接收器等离子体质谱仪和热电离质谱仪两套大型仪器使用和维护的技术交流培训，对两台质谱仪器有了比较系统和深入的了解，提高了相关技术人员的业务技能，有助于专业而规范地使用和发挥其更大的效能。

2017年10月，中心赵凤清副主任和安树清主任及实验测试室科研人员周红英、涂家润和肖志斌赴加拿大与曼尼托巴大学和多伦多大学访问交流。与国际知名铀矿床学家Mostafa Fayek教授开展铀矿定年技术交流，旨在学习其在铀矿U-Pb定年研究中的经验和技术，交流探讨铀矿定年中亟待解决的关键问题以及进一步合作的领域和方向。通过此次技术交流，深切体会到铀矿定年是一个体系工程，在方法学研究的基础上还要加强矿物学等方面的研究，为铀矿年代学研究提供合理的解释（图4-30）。

图 4-30 国际交流与合作

第五章
华北地质科技创新中心"火车头"牵引作用显现

第一节 科技创新与地质调查融合发展

党的十八大以来,地质科技创新工作迎来了重要的发展机遇。习近平总书记指出,创新驱动是形势所迫。我国发展中不平衡、不协调、不可持续问题依然突出,人口、资源、环境压力越来越大。而作为基础性、公益性的地学研究工作是助力国家经济社会高质量发展的重要组成内容。为充分发挥科技创新在地质调查中的支撑和引领作用,推动产学研深度融合,深化务实合作交流,2013—2017年,天津地质调查中心推进科技创新与地质调查融合发展,在铀等战略性矿产成矿理论、海岸带与第四纪研究、非锆石类含铀矿物定年、前寒武纪古生物研究、矿物学研究等方面取得新突破。

一、铀等战略性矿产成矿理论与勘查技术创新取得突破

2014年,金若时正高级工程师带领铀矿地质调查团队在先后实施国家地质调查计划项目"我国主要盆地煤铀等多矿种综合调查评价"和"北方砂岩型铀矿调查工程"项目的

基础上，成功获批国家 973 计划"中国北方巨型砂岩铀成矿带陆相盆地沉积环境与大规模成矿作用"项目，实现了地调与科研的紧密结合，并在基础理论研究与勘查技术方法方面取得新突破。

该项目突破了砂岩型铀成矿由传统水平分带单一控矿模式拓展到垂向氧化-还原分带水平成矿流体分带的立体分带控矿模式的新认识，形成了成矿氧化还原环境变化的时空四维约束机制，提出红-黑岩系对含铀岩系具有重要控制作用的新认识。确定了鄂尔多斯盆地沉积环境与控矿的层序，初步建立了反映沉积环境的氧化还原条件和干旱潮湿岩性序列指标，为建立"跌宕"成矿模式奠定了地质事实基础（图 5-1），对确定找矿方向和靶区优选开辟铀矿找矿工作新局面起到了重要的指导和推动作用。创建了一套以煤、油钻孔资料"二次开发"为核心的砂岩型铀矿调查技术方法，提出了集古沉积环境、成矿流体特征、构造有利部位和钻孔放射性异常为一体的"232"找矿预测模型。通过地质调研与科学研究的深度融合，理论与技术方法的创新，使得尘封多年的煤田、油气田勘查资料焕发出蓬勃生命力，大大提升了找矿效率，产生了十分显著的找矿效果和巨大的社会经济效应。

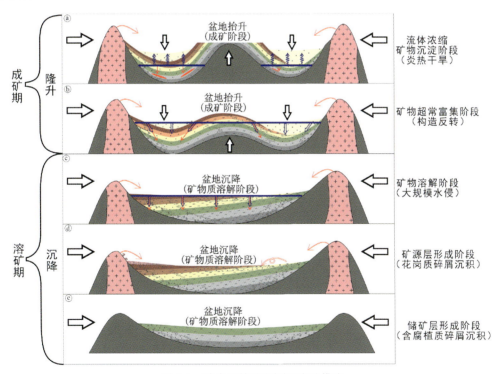

图 5-1 砂岩型铀矿"跌宕"成矿模式

以李俊建研究员为代表的战略性金属矿产研究团队，2016 年 7 月在国家重点研发计划深地资源勘查开采专项"胶东矿集区三维结构与定位预测"课题资助下，建立了胶东重要金矿集区三维地学建模与资源预测评价的技术方法体系，完成"地质模型-矿床模型-找矿模型"转换过程中各环节的地学信息定量化和可视化。同时，构建了焦家矿集区和招平矿集区中南段深达 5km 的三维地质结构模型,实现了大型—超大型金成矿系统 3000m 深度"透明化"。

二、海岸带与第四纪研究迈上新台阶

海岸带与第四纪地质研究团队在地调和科研项目的基础上,在国家自然科学基金青年科学基金项目"海岸带地区 ^{210}Pb、^{137}Cs、$^{239+240}$Pu 参考剖面研究"(2013—2015 年)和面上项目"渤海湾沿海低地第Ⅱ海侵层年龄:MIS3 或 MIS5?"(2015—2018 年)资助下,证实了渤海湾海岸带地区 ^{137}Cs 最大峰值可以作为区域性的重要时标,恢复了渤海湾的现代沉积过程,并发现 2 次明显的洪水事件沉积。初步重建了北京—天津地区黑炭沉积历史,为大气污染防治、气候变化对策制定提供基础数据。通过 AMS^{14}C、OSL 测年技术,研究了渤海湾沿海低地第Ⅱ海相层的时空分布,突破了前人的认识。依托科研项目和地质调查项目,天津地质调查中心新建立了光释光测年实验室,培养了光释光测年技术人才,也为后续的科学研究提供了保障。

2017 年,在国家自然科学基金面上项目"渤海湾全新世海面标志点研究与变化历史重建"资助下,重建了渤海湾全新世第一条相对海面变化曲线,揭示了渤海湾西岸相对海面在 6~7kacal BP 时发生转折的基本规律,为全新世全球气候变化与海平面变化预测提供了重要的科学参考。该研究成果在香港举行的 IGCP639 的第二次工作会议上进行了展示,获得参会人员热议。

三、非锆石类含铀矿物定年技术取得新成果

2013 年以来,以周红英正高级工程师为代表的同位素地质年代学研究团队依托部公益性行业科研专项"金红石 U-Pb 同位素定年标准物质的研制"和"非锆石类富铀矿物 U-Pb 同位素定年方法研究"和国家自然科学基金项目等科研以及地调项目,深入开展了金红石、锡石、磷灰石、独居石、铀矿石、铌铁矿和氟碳铈矿等非锆石类含铀矿物的 U-Pb 同位素测年技术方法、测年标样研究以及全岩-单矿物 Sr-Nd-Pb-Hf 同位素分析。10 年来,研究团队相继成功获批"白云鄂博铌铁稀土矿床的铌铁矿 U-Pb 同位素年代学研究""金属矿床中磁铁矿和黄铁矿的逐步淋滤 Pb-Pb 同位素等时线直接定年""氧化物型含铀矿物在 LA-ICPMS U-Pb 同位素定年中的基体效应差异及校正"等国家自然科学基金项目 11 项。通过科研和地调项目相结合,不断开发和完善非锆石类含铀矿物的高精度热电离质谱和微区原位 U-Pb 同位素测年技术,研制了锡石、金红石、铌铁矿和独居石等同位素测年标样,受到了同行的认可并且在同位素年代学研究领域内共享,同时巩固和发展了传统优势学科地位。

四、前寒武纪古生物研究成果在《自然·通讯》发表

2016年5月17日,朱士兴研究员及其研究团队在国际著名刊物《自然·通讯》发表了题为《华北15.6亿年前高于庄组分米级的多细胞真核生物》的论文。该论文成果将多细胞生物在地球上出现的时间从6.35亿年前提前到了15.6亿年前。同时,该化石标本也是迄今为止证据最充分、时代最古老(>1560Ma)、个体最巨大、属于高级古藻类植物的前埃迪卡拉纪(>635Ma)的宏观多细胞真核生物群化石。

高于庄组大型多细胞真核生物的发现的重要科学意义在于:第一,改写了多细胞生物在地球上出现的历史记录,科学界普遍认为生命大约自40亿年前在地球上出现起,直至6亿年前才出现了多细胞生物,而本次发现生物化石群将多细胞生物出现的时间提前了9亿多年,从6.35亿年前提前到了15.6亿年前。第二,证明了存在着在比高于庄组和团山子组更老地层中发现相对细小,或微体的多细胞生物遗迹的可能性。第三,由于地球早期单细胞真核生物到多细胞真核生物的演化,与地球生态系统的演变,特别是与古大气圈和古水圈中氧含量的明显增加是同步发展的。这也证明了当时生态系统是相对富氧环境,同时生物进化也是相当活跃的(图5-2)。

该成果入选"中国地质调查局中国地质科学院2016年度地质科技十大进展"和"中国古生物学会2016年度中国古生物学十大进展"。

图5-2 高于庄组宏观化石

五、地质调查带动新矿物学研究发展

2015年,矿物学研究团队在地质调查项目"豫西成矿带及整装勘查区地质矿产调查选区与综合研究"实施过程中,首次在河南省太平镇稀土矿床中发现了大量的硅稀土石、氟镧矿、氟铈矿等矿物,其中硅稀土石、氟镧矿属国内首次发现。在此基础上,通过申报国家自然科学基金青年科学基金项目(国内首次发现的硅稀土石、氟镧矿矿物学特征及成因研究)(2016—2018年),进一步通过电子探针、X射线衍射、差热分析、红外光谱、激光拉曼光谱等分析方法,开展了系统的矿物学特征研究,从矿物学的角度揭示太平镇稀土矿的矿床成因,为后续系列新矿物发现工作奠定了基础。

第二节 科技创新为华北地质事业提供新动能

党的十九大报告指出,创新是引领发展的第一动力,是建设现代化经济体系的战略支撑。依托华北地质科技创新中心平台,天津地质调查中心坚持"四个面向",用科技创新驱动引领地质调查事业发展,在地学科技前沿研究和服务国家重大战略需求上取得丰硕成果,地质科技创新迈入新发展阶段。

一、成立华北地质科技创新中心

为贯彻落实国家、部、局创新驱动发展战略的重要举措,支撑构建中国地质调查局全国-区域-专业地质科技创新体系,集成华北区域地质科技力量,发挥集成创新、协同创新作用,有效支撑国家重大战略实施和国际地学前沿科技问题攻关,更好地推动地球系统科学的发展和服务国民经济发展。根据2017年6月1日中央机构编制委员会办公室的(中央编办复字〔2017〕129号文件)批复意见,按照自然资源部科技创新推进会精神和中国地质调查局党组的要求,成立华北地质科技创新中心。

2018年10月17日,华北地质科技创新中心正式挂牌成立暨学术研讨会在天津召开(图5-3)。自然资源部党组成员、中国地质调查局局长、党组书记钟自然,天津市人民政府副秘书长景悦出席会议并讲话。汪集旸、莫宣学、武强等院士出席会议。自然资源部有关司局、天津市人民政府有关部门及东丽区人民政府有关部门,北京、天津、河北、山西、内蒙古、山东、河南自然资源主管部门、相关地勘单位、华北地质科技创新中心共建单位,自然资源部中国地质调查局有关直属单位和部室的负责同志共同出席见证华北地质科技创新中心成立。

图 5-3　2018 年 10 月 17 日,华北地质科技创新中心正式挂牌成立

二、构建华北地质科技创新体系

2018 年,制定了《华北地质科技创新中心建设方案》,明确了华北地质科技创新中心发展定位。华北地质科技创新中心作为自然资源部六大区域地质科技创新平台之一,负责组织中国地质调查局华北地区地调科研机构和联系地方科研院所,构建一个区域性的地质科技创新平台,瞄准影响和制约华北地区重大资源环境问题解决的关键科技问题,组织协调优势创新力量,进行协同攻关。

一是确立了华北地质科技创新中心组织体系。华北地质科技创新中心以天津地质调查中心为牵头单位,中国地质科学院地球物理地球化学勘查研究所、中国地质调查局水文地质环境地质调查中心和中国地质科学院勘探技术研究所等地调局局属单位为核心层,联合相关科研机构、院校、地勘单位、企业等协作层,协同推进华北区域地质科技创新和科技成果转化工作(图5-4)。

二是构建了"6+1"科技创新布局。"6"是指地热能探测与评价技术、第四纪地质演化及其资源环境效应、铀矿探测与成矿理论、华北陆块形成与破坏机制及资源效应、地球深部资源探测技术与应用及地球化学探测技术与应用等 6 个创新领域,"1"是指科技成果孵化平台。

三是形成了常态化协调沟通机制。组织召开年度工作会议,就发展规划、政策动态、成果转化、平台建设、项目申报等进行研讨,寻求创新合作增长点,增强内生动力。推进与华北各省(区、市)地质科技平台互联互通,完善人才、数据、仪器设备共享体系。

图 5-4 华北地质科技创新中心组织运行体系

四是建立协同创新合作模式,与北京、天津、内蒙古、河北、山西、山东、河南等七省(区、市)地勘单位、科研院所、高校企业深入对接,就地质科技创新、科技成果转化、支撑服务国家重大需求及区域重大战略等达成共识,共同建实建强华北地质科技创新中心。

三、地学理论和技术方法创新取得全面突破

(一)铀矿、金、铜、铁、铝土、锰、稀有稀散稀土等战略性矿产找矿理论和勘查技术取得重要进展

1. 创新"红黑"岩系耦合、盆内隆缘控矿等砂岩型铀矿成矿理论和优化勘查技术方法,首次在我国白垩系风成砂岩中发现大型铀矿

2018年12月,中心苗培森正高级工程师牵头,联合国内科研院所、高校、企业等9家单位申报的国家重点研发计划项目——深地勘查开采专项"北方砂岩型铀能源矿产基地深部探测技术示范"项目成功获批。项目在地质调查工程项目和国家973项目的基础上,聚焦流体耦合成矿作用与深部铀成矿信息提取和流体示踪等关键科学与技术问题,开展深部探测技术联合攻关和增储示范。项目新发现首例风成沉积中的大型砂岩型铀矿,建立1处深部大型铀资源基地;揭示了含烃流体参与成矿的重要机理,建立了流体耦

合成矿模式、找矿模型和大陆动力学模型;首次利用"源-汇"方法体系,恢复了中侏罗世、早白垩世鄂尔多斯大型内陆盆地原型。系统总结了鄂尔多斯盆地晚侏罗世—早白垩世沉积演化过程,建立了早白垩世沙漠沉积模型;首次开展典型砂岩型铀矿床地震参数反演及三维地质建模。深部探测对砂岩型铀矿的成矿理论研究和勘查部署具有重要的科学意义,带动了浅部新层系找矿新发现,拓展了中国北方中新生代盆地的找矿空间,显示出巨大的找矿潜力。

2019年2月,以金若时为首席科学家的团队,联合中国、美国、法国、加拿大、俄罗斯、澳大利亚、赞比亚、坦桑尼亚等9个国家的科学家,组织近80人的团队,成功获批国际地球科学计划(IGCP675)项目。项目对各大陆之间砂岩型铀矿形成环境与成矿作用的共性与特殊性进行系统对比和研究,提出控制全球砂岩型铀矿的主要成矿模式(图5-5),创新砂岩型铀成矿理论,培养年轻及第三世界铀矿研究人员,极大地提升了天津地质调查中心砂岩型铀矿研究成果的国际影响力。

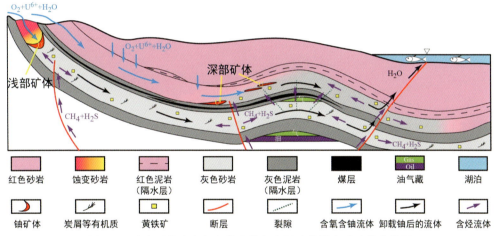

图5-5 砂岩型铀矿含氧含铀流体与含烃流体耦合成矿模式简图

2021年12月,金若时正高级工程师在国家重点研发计划项目研究成果的基础上,成功获批国家自然科学基金委重大研究计划"风成沉积体系砂岩型铀矿成矿作用"项目。该项目以我国首次在白垩系风成砂岩中发现的大型铀矿为研究对象,研究风成体系中含铀岩系的特征和氧化还原条件,确定构造事件与成岩成矿的关系,分析风成沉积砂岩铀的源—运—储过程,建立砂岩铀超常富集的跌宕成矿模型,对开展风成沉积体系新类型砂岩型铀矿成矿理论研究、开辟砂岩型铀矿找矿新空间具有重大的科学和实践意义。

以北方砂岩型铀矿调查工程、铀矿973计划、国家重点研发计划铀矿深地专项、国际地球科学计划(IGCP675)、基金委重大研究计划等重大工程计划项目为依托,创新提出了"红黑"岩系耦合沉积控矿、盆内隆缘控矿、跌宕成矿模式、"流体耦合"、"油水界面"成矿等系列原创性成果认识;建立了以煤、油钻孔资料"二次开发"为主线,集重力、地震、航磁、航放、遥感、氡气测量等多要素信息解译的综合找铀技术方法,提高了找矿效率,指导了多处铀矿产地的发现和突破。

2. 围绕锰矿和铝土矿找矿突破的关键科学技术难题,联合开展科技攻关

2022年10月,中心副主任张起钻正高级工程师牵头联合9家单位围绕制约锰矿和铝土矿找矿突破的关键科学问题、技术难题,成功申报国家重点研发计划"锰矿和铝土形成过程及找矿模型"项目。项目聚焦桂西、华北、西昆仑、黔北-渝南等重点成矿区带,开展锰矿和铝土矿成矿规律与富集机制研究,创新成矿理论;研发隐伏锰矿和铝土矿探测预测技术,建立高效勘查技术方法体系;开展重点成矿区带找矿预测与勘查示范,支撑锰矿和铝土矿实现找矿重大突破。该项目为天津地质调查中心牵头获批的首个"十四五"国家重点研发计划项目,彰显了天津地质调查中心在固体矿产调查领域的科技创新实力和战略性矿产资源安全保障支撑能力。

3. 开展全球战略性矿产成矿规律研究,为国家利用"两种资源、两个市场"提供科技支撑

2021年11月,南部非洲国际合作地质调查研究团队参与成功申报国家重点研发计划"全球战略性矿产成矿规律和预警决策支持技术"项目。通过系统总结非洲地区莫桑比克北部钽铍成矿带、纳米比亚达马拉铀成矿带、刚果金-赞比亚中非铜钴成矿带和卢旺达-刚果金中非基巴拉稀有金属成矿带的成矿规律,为我国全面掌握非洲战略性矿产资源信息现状和发育规律提供了重要支撑。

2022年10月,李俊建研究员申请的国家重点研发计划"政府间国际科技创新合作专项"获蒙古国正式立项,此项目为天津地质调查中心首个科技部国际合作专项项目,也是自2013年与蒙古国矿产资源管理局顺利交接中蒙合作完成的中蒙边界地区1:100万系列地质矿产图件及其说明书以来又一新的标志性成果。该项目以查明蒙古晚古生代岩浆活动对铜(金、钼、银)成矿的制约为目标,编制新一代蒙古1:100万成矿规律图,圈定铜(金、钼、银)找矿靶区,为企业迅速跟进,实现境外找矿突破提供数据支撑,为利用"两种资源、两个市场"提供技术服务和支持。

(二)基于地下构筑物地质安全保障和地下含水层保护,创新构建京津冀协同发展示范区地下空间开发利用地质适宜性评价方法与技术流程

以地质条件和地质精细结构研究为基础,从保障地下构筑物地质安全和地下含水层保护角度,创新构建了北京城市副中心和雄安新区地下空间开发利用地质适宜性评价技术方法及指标体系,完成了评价分区并提出了相应地学建议(图5-6)。

以北京城市副中心浅层含水层组为试点,以"三氮"为研究对象,利用野外调查-测试分析-室内实验-数值模拟多手段、多方法相结合方式,分析了区域弱透水层对"三氮"防污阻滞能力的空间分布特征,定量评价了典型部位不同水力条件和不同地层结构特征下弱透水层对氨氮的阻滞能力,创新构建多种污染组分运移规律模式,完成区域浅部弱透水层防污性能评价,为浅层地下水资源开发利用和污染防治提供了科学依据。

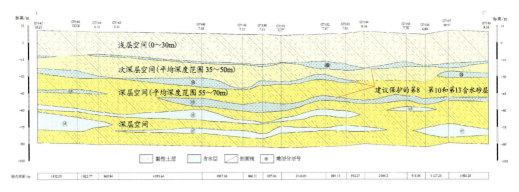

图 5-6 雄安新区地下空间开发利用层位划分图

（三）依托华北地质科技创新平台，打造地质科技创新服务绿色低碳经济社会发展的"天津样板"

2020年以来，编制的《地质科技创新服务天津市绿色低碳经济社会发展的建议》得到天津市、自然资源部、中国地质调查局的肯定，进一步落实相关指示批示精神，推进了地热资源调查评价、"两河一带"生态廊道等4项科技攻关，研究编制天津市高精度基岩地质图与重点地段深部热储三维地质结构数值模型，开展深层地热资源调查综合研究评价；会同天津市规划和自然资源局编制《天津市关于创建全国地热资源开发利用示范城市工作方案（2022—2025年）》并上报天津市委市政府，编制《天津地热资源开发利用发展战略研究报告》，推动大型央企、国企（大港油田、吉林油田，天津能源集团等）参与天津市地热资源开发。开展"两河一带（永定新河、独流减河、天津海岸带）"综合地质调查，初步提出京津冀"两河一带"生态廊道规划建设建议，构建中新天津生态城三维地质结构，推进透明生态城建设；与天津市高校、院所企业等联合推动协同创新工作。与天津大学共同推进科技基础资源调查专项"环渤海滨海湿地资源调查项目"实施，联合申报国家自然基金委重大项目，共建野外观测基地；与天津华北地质勘查局等单位共同申报自然资源部工程技术创新中心、天津市重点实验室；参与天津师范大学京津冀生态文明发展研究院建设；与地矿局、地调院共同编制《废弃矿山生态修复示范工程实施方案》。

（四）海岸带与第四纪地质研究持续获得科研项目资助，团队综合研究能力再上新台阶

围绕地质构造-气候-物源对沉积环境演化的控制，获批了"滦河扇三角洲第四纪沉积环境演化中的新构造运动表现"，"华北平原钻孔物源记录的黄河贯通时间"等基金项目。

在海岸带地质构造、海陆演化、人地相互作用等基础研究方面取得系列成果，达到国际先进水平。在我国西升东降构造演化、黄河贯通、渤海演化等海岸带基础研究方面有新认识，发现我国海岸总体上正在进入新的"海侵"时期，确定"西汉海侵"事件与先人活动的地质和考古证据,探索提升贝壳和泥炭层^{14}C年龄测试精度,重建了渤海湾和长三角全新世海面变化过程及渤海湾海岸带现代沉积速率和地表环境变化,揭示渤海湾海平面上升、海岸侵蚀、风暴潮淹侵等过程和围填海等人类活动对生态环境的影响。

同时,在津冀沿海构建了陆海统筹地质环境调查监测体系,组织编制滩浅海区地球物理勘探、陆海统筹海岸带地质环境监测等11项技术指南或要求,成功研发新型"波潮仪",突破陆海统筹的滩浅海区调查技术瓶颈,进一步完善了陆海统筹地质调查与监测技术方法体系(图5-7)。先后建立了曹妃甸野外综合观测站和天津塘沽地面沉降监测中心两处基地。

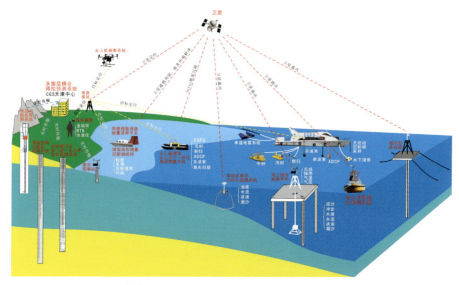

图5-7 津冀沿海"空陆海"综合地质调查监测技术方法体系

(五)新矿物、同位素测年、前寒武纪研究取得系列创新性成果

以曲凯高级工程师为代表的矿物学研究课题组,采用样品针对性采集、镜下鉴定、物理性质鉴定、化学成分测定、晶体结构精修与谱学特征分析等系统矿物学系列研究方法,2019年在河南省南阳市西峡县太平镇稀土矿床中发现的新矿物"太平石"获得国际矿物学协会新矿物命名及分类委员会投票通过并正式获得批准,成为天津地质调查中心牵头完成的首个新发现矿物。此后同年在河南省卢氏县南阳山稀有金属矿床中发现新矿物"氟棠锂云母"。2020年在云南红河哈尼族彝族自治州碱性岩体中发现新矿物Moxuanxueite(莫片楣石)。2021年和2022年在河南省南阳市桐柏县银洞坡金矿中分别发现新矿物"空锌银黝铜矿"和"空铁黝银矿"(图5-8),该成果被列为河南省十大地质成就。该课题组牵头新发现矿物5种,参与发现新矿物4种,极大地提升了我国在矿物学研究领域的国际影响力,同时也为人类认识和利用自然界新矿物提供了重要依据。

以周红英正高级工程师为首的同位素地质年代学研究团队,巩固完善了非锆石类含铀矿物U-Pb定年技术方法研究和标准矿物研制,相继在锐钛矿定年技术和铌铁矿微区

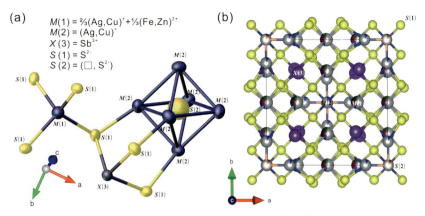

图 5-8　新矿物空铁银黝矿的晶体结构模型

原位定年技术与标准矿物研发、高钍低铀矿物高精确度同位素稀释-热电离质谱 Th-Pb 年代学研究、高铀矿物飞秒激光剥蚀-同位素稀释热电离质谱 U-Pb 定年研究、萤石微区激光切割取样 Sm-Nd 同位素定年及其应用研究、铀矿物微区原位 U-Pb 同位素定年技术研究及标准物质研制等方面取得了重要成果,继续保持同位素测年技术优势。此外,拓展了微区原位硫同位素实验技术方法研究,探索了 Ba 等非传统同位素应用与研究,建立了富钡地质样品稀土元素含量的快速高精度分析方法并首次报道了 4 种重晶石标准物质的稀土元素含量。

前寒武纪研究团队王惠初研究员在地质填图和前人研究成果的基础上,聚焦全球性板块构造体制启动时间重大前沿科学问题,以华北克拉通北部麻粒岩带为研究对象,以构造变形与变质-深熔作用关系研究为主线,采用构造解析、变质-深熔-流变构造研究、多体系同位素年代学研究和岩石(同位素)地球化学研究等方法,揭示古元古代碰撞造山的深部热状态和动力学演化过程,探索早期板块构造的识别标志。该研究成功获得 2022 年国家自然科学基金地质联合基金重点项目资助,为天津地质调查中心在前寒武纪地质研究承担重大科技项目上又一新的突破。

(六)构建典型泥砂质海岸带地区海(咸)水入侵"空-地-井"三位一体监测体系,提出海(咸)水入侵防治技术方案

以莱州湾海(咸)水入侵调查监测研究为切入点,在莱州湾南岸完成遥感解译、水文地质调查与钻探、水质分析和地球物理探测等工作,建立了多组海(咸)水入侵动态监测井,实现海(咸)水入侵界面三维高密度电法探测,构建形成海(咸)水入侵监测网,查明了海(咸)水入侵界线及其变化。在此基础上,与联合国教科文组织水资源学院和丹麦地质调查局开展国际合作,联合申请 2 项国际合作研究项目,引进海(咸)水入侵先进监测理念与方法,建立了海(咸)水入侵分层监测井,构建了海(咸)水入侵预测模型(图 5-9),提出了基于数值模拟的海(咸)水入侵防治技术方案。同时,依托国际合作研究搭建了人才培养和科技创新平台,提升了海(咸)水入侵研究成果水平。

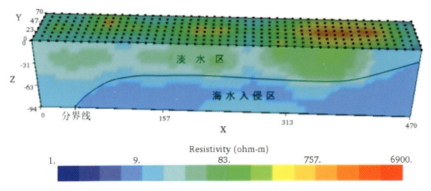

图 5-9 莱州湾海(咸)水入侵界面三维模型

(七)开拓创新高光谱遥感探测理论和技术,跻身空天对地观测前沿领域

2022年,中心主任汪大明正高级工程师在国家自然科学基金面上项目资助下,带头开展基于作物多生育期光谱学效应的土壤微量元素定量反演研究工作,通过高光谱遥感技术快速准确调查土壤中与人类健康密切相关的微量元素,实现土壤环境质量动态监测与评估。

同年,汪大明正高级工程师作为课题负责人联合上海技术物理研究所联合成功申报国家重点研发计划地球观测与导航专项"甚长波红外高光谱成像技术"项目。通过深低温小尺度冰冻圈大气圈交错作用的复杂传输机理和时空谱温度场紧密耦合的精准探测机制等重要科学难题,形成甚长波红外高光谱成像探测方案,丰富红外光谱遥感技术的探测理论和方法。

天津地质调查中心遥感学科团队在国家级科技项目的支持下,快速提升高光谱技术基础理论与应用领域的研究水平,成为自然资源部对地观测前沿技术领域重要的支撑力量。

(八)初步查明京津风沙源区安固里淖萎缩干涸原因

2004年安固里淖出现干涸,长期干涸导致盐碱质荒漠化,形成新的风沙源,威胁到京津生态环境。通过研究内蒙古安固里淖湖面面积长序列遥感影像变化特征,结合气象变化和农业用水变化规律,揭示了过量开采地下水为安固里淖干涸的主要原因,提出了发展节水农业,减少地下水开采,促进区域地下水位持续回升是恢复安固里淖水生态环境的根本措施的建议。

通过打造京津风沙源生态修复治理示范区,重点开展安固里淖湖底结构、流域水循环调查,查明湖淖同流域主要含水层的补径排关系,评价湖淖生态需水量,提出流域水资源合理开发利用及湿地生态修复方案。

第三节　全面推进国际交流与合作

2013年以来,为更好地服务国家"一带一路"倡议,保障能源资源安全和促进矿业企业"走出去",围绕铀矿地质、前寒武纪地质、海岸带与第四纪地质、境外地质勘查等方面,开展了广泛的国际合作与学术交流,涉及的国家或地区有蒙古、菲律宾、越南、俄罗斯、奥地利、英国、法国、刚果(金)、坦桑尼亚、赞比亚、津巴布韦、莫桑比克、纳米比亚、南非、马达加斯加、卢旺达、马拉维、安哥拉、博茨瓦纳、加拿大、美国、澳大利亚等。

一、稳步拓展国际交流与合作(2013—2014年)

2013年1月16日—24日,天津地质调查中心傅秉锋、李怀坤、相振群3人赴南非进行学术交流,就"华北克拉通与南部非洲卡拉哈里克拉通前寒武纪构造演化及成矿作用对比"项目工作情况及野外考察情况,商讨下一步合作意向。同年,苗培森等3人赴纳米比亚、南非、莫桑比克,与当地学机构取得联系,推进合作,开展重要成矿区带及重要典型矿床考察;俞礽安随局团出访几内亚、纳米比亚和津巴布韦3国考察。

2013年3月24日,天津地质调查中心水环院科研人员赴越南参加东南亚海岸带国际合作项目分析研讨会,对地下水管理经验和研究方法进行了交流,并总结分析了现存的地下水问题,讨论了解决地下水问题的管理措施和技术措施。

2013年3月29日,中蒙双方在蒙古国乌兰巴托市进行了成果交接仪式,蒙古矿产资源管理局副局长D. Uuriintuya、蒙古地质调查局局长D. Bold、天津地质调查中心总工程师苗培森以及中蒙合作项目组主要成员及相关地质专家共30余人参加交接仪式。在中蒙双方签署的会谈纪要中,蒙方对由中方汇总完成的中蒙边界地区1:100万地质图件给予了高度评价。

2014年5月11日—18日,天津地质调查中心周红英、李怀坤和耿建珍赴德国赛默飞世尔(Thermo Fisher Scientific)不莱梅工厂参加仪器技术交流培训。

2014年6月,天津地质调查中心与南非地质科学委员会签署了地学合作谅解备忘录,与南非地质科学委员会商谈了开展地质填图、矿产资源评价和人员培训的有关事宜。

2014年6月下旬到7月,根据"东南亚海岸带地区地下水管理对比研究项目"的需要,由联合国教科文组织国际水资源学院(UNESCO-IHE)组织,开展针对地下水人工调蓄的原理与方法等方面的培训,受项目负责人周仰效教授的邀请,天津地质调查中心派陈彭赴荷兰参加了此次培训。

2014年9月16日—30日,应纳米比亚地质调查局和博茨瓦纳大学邀请,天津地质调查中心何胜飞赴纳米比亚和博茨瓦纳开展境外矿床考察工作,探讨中纳、中博双方进一步合作方向和实施合作项目的地理区域。

2014年10月24日—29日,受菲律宾宿雾市水资源中心的邀请,天津地质调查中心刘宏伟赴菲律宾参加"东南亚海岸带地区地下水管理对比研究"国际合作项目工作交流会,总结学习东南亚各项目参加国家海岸带地下水管理的先进策略和研究方法,参加野外考察,并重点关注河水人工补给地下水、水资源供应、地下水监测等方面的基础设施和研究技术。

二、坚持需求导向,国际交流与合作成效更高(2015—2019年)

2015年10月22日,澳大利亚昆士兰州地质调查局地质矿产部经理保罗唐查克(Paul Donchak)到访中国地质调查局天津地质调查中心,双方就"三维矿产前景预测和成矿体系研究"进行交流。

2015年10月23日,西澳地调局局长瑞克·罗杰森和西澳矿业促进高级主管高劢到中国地质调查局天津地质调查中心作题为《在西澳投资矿业的最好时机-西澳铀矿金矿资源潜力评价》的学术报告。促进了中国地质调查局天津地质调查中心与西澳地调局的合作交流。

2015年11月23日—26日,天津地质调查中心李建芬正高级工程师等一行3人赴英国普利茅茨大学开展"全新世相对海面变化国际合作研究"学术交流及野外考察。

2016年8月8日—18日,天津地质调查中心孙晓明主任率团赴美国开展地球关键带、海岸带调查监测及后工业化时期地质工作模式等技术交流,商讨合作内容,推动合作项目。

2016年8月15日—9月3日,前寒武纪地质室李怀坤、初航参加了在南非举行的第35届国际地质大会,以口头演讲和展板演讲形式,汇报前寒武纪地质科研成果,在国际地质平台展示、交流,提升了中心前寒武纪学科国际影响力。

2016年9月8日—13日,天津地质调查中心苗培森、冯晓曦、俞礽安3人赴哈萨克斯坦就铀矿找矿理论技术开展交流,进一步推动北方砂岩型铀矿成矿理论和技术创新。

2016年10月15日—25日,天津地质调查中心金若时、司马献章、李建国和陈印等4人赴加拿大开展铀矿研究技术交流(图5-10)。此次出访落实了中加地质调查局之间的合作协议,进一步深入了解加拿大角度不整合型铀矿床地质调查研究领域最新动态,特别是岩芯保存及社会化服务、数据分析集成、勘查开发技术方法与要求、成矿模式的建立和分析、3D模型及数据分享、萨斯卡切温省的经济形势等,商讨可能的合作内容、途径和方式,为进一步开展项目合作、技术交流和人员培训等打下了良好基础。

受西澳地质调查局执行董事RickRogerson的邀请,天津地质调查中心赵凤清研究员和李俊建2人于2016年10月24日—29日,赴澳大利亚开展前寒武纪地质矿产(尤其是金铀矿床)对比研究合作交流。实质性开拓了中心与西澳大利亚地质调查局开展前寒武纪地质矿产研究的合作。

图 5-10　金若时、司马献章、李建国和陈印等 4 人赴加拿大开展铀矿研究技术交流

2017 年 4 月 24 日—5 月 7 日,天津地质调查中心受邀派陈永胜和袁海帆 2 人赴丹麦参加光释光测年系统培训,学习仪器的原理和使用方法。

2017 年 8 月 10 日—9 月 8 日,受蒙古科学院古生物与地质研究所的邀请,李俊建、付超、党智财等 3 人赴蒙古国,访问了蒙古科学院古生物和地质研究所,落实了中国地质调查局与蒙古科学院的地质合作协议、天津地质调查中心与蒙古科学院地质与古生物研究所地质合作协议。本次合作将助力于我中心承担的中国地质调查局"十大计划"之一"'一带一路'基础地质调查与信息服务计划"中"周边国家重要成矿带对比研究工程"的实施。

2017 年 10 月 10 日—11 月 5 日,天津地质调查中心马震正高级工程师、柳富田等 5 人出访,与美国同行将交流地球关键带调查研究方面的进展。

2017 年 10 月 11 日—29 日,天津地质调查中心肖国强、王宏、李建芬、田立柱和李勇等 5 人组团赴美国开展海岸带调查合作研究。通过这些学术交流活动,对我中心开展的环渤海海咸水入侵、地下水调查研究和今后将要开展的其他水文地质工作有很大的借鉴和指导作用,提高了我中心对环渤海地区地下水研究的科研水平。

受加拿大萨斯喀彻温省经济部邀请,2017 年 10 月 19 日—30 日,天津地质调查中心赵凤清、安树清、周红英、肖志斌和涂家润等 5 人赴加拿大开展铀矿定年研究技术交流。访问加拿大曼尼托巴大学和加拿大百年纪念学院,与加方铀矿定年技术专家开展交流和讨论,学习加方先进定年技术的同时探讨进一步的交流合作。

2018 年 4 月 15 日—24 日,应俄罗斯联邦中央有色金属及贵金属地质勘探研究院邀请,根据项目工作任务,天津地质调查中心金若时正高级工程师参加中国地质科学院矿产资源研究所组团,赴俄罗斯参加中俄资源定量预测会议。此次会议,金若时正高级工程师在会议上作口头报告,对多金属矿进行野外考察,并研讨中俄双方在铀矿成矿条件综合对比等矿产资源领域的合作。

2018年5月5日—12日，天津地质调查中心北方砂岩型铀矿调查工程副首席专家李建国和北方砂岩型铀矿调查工程首席专家、李四光学者金若时正高级工程师2人，赴澳大利亚相关公司和地质调查机构交流和学习高光谱岩芯扫描、有机质测试等方面的先进经验，并参加TSG软件的培训，此次出访有助于开阔眼界，提高天津地质调查中心正在进行的砂岩型铀矿岩芯扫描与成矿流体研究水平，推进岩芯光谱数据库建设，并加强有机质测试方面的合作。

2018年9月21日—10月15日，受西澳地质调查局的邀请，天津地质调查中心李俊建研究员、付超工程师和党智财助理工程师等3人，赴澳大利亚开展前寒武纪地质矿产（尤其是金铀矿床）对比合作研究，与西澳地质调查局进一步商讨合作研究计划并开展西澳洲地区典型绿岩带及绿岩型金矿野外地质调查工作。

2018年10月10日—15日，天津地质调查中心邀请奥地利萨尔斯堡大学地理与地质学院BarbaraMauz教授来津进行合作交流，指导我中心光释光测年实验室建设。

2018年12月2日—10日，受加拿大萨斯喀彻温省能源与资源部地质调查局和贾纳大学的邀请，天津地质调查中心派金若时正高级工程师、苗培森正高级工程师、司马献章正高级工程师、李效广正高级工程师和陈印等5人，赴加拿大开展铀矿研究合作交流。访问萨斯喀彻温省经济部和地质调查局，商讨合作，并参加加拿大萨斯喀彻温省地质矿业大会；访问贾纳大学与铀矿研究专家，开展学术交流；访问萨斯喀彻温省相关铀矿矿业公司，讨论潜在的合作并参观岩芯库，进行铀矿对比研究。

2019年11月10日—22日，金若时等4人再次赴法国开展铀矿研究合作交流（图5-11）。此次出访开展了中法铀矿研究对比分析和交流，对于了解国际最新研究进展，加强合作，促进IGCP675计划和973项目、深地砂岩型铀矿勘查示范等项目开展国际合作，对培养青年人才科研队伍具有重要意义。2019年11月27日—12月5日，司马献章等5人赴澳大利亚开展铀成矿理论研究和勘查开发方法合作交流。

图5-11　2019年11月，金若时正高级工程师、研究员在法国开展铀矿研究合作交流

三、落实"三服务一促进",推动地学与矿业领域务实合作(2020年至今)

2020年1月,任军平等2人赴莫桑比克与中国驻莫桑比克大使馆经济商务参赞处交流,汇报拟在莫桑比克开展境外地质调查项目具体情况,同时与莫桑比克国家矿山理事会商讨地学合作,确定项目合作内容,并了解莫桑比克优势矿种钽、石墨、锆、钛矿资源禀赋。

2020年以来,天津地质调查中心依托东部南部非洲地学合作研究中心,积极与刚果(金)、坦桑尼亚、赞比亚、津巴布韦、莫桑比克、纳米比亚、马达加斯加、卢旺达、马拉维、安哥拉、博茨瓦纳等11个非洲国家地调机构、驻华使馆,以及中资企业线上线下对接研讨,在联合实施地调项目、推动援外项目、共享地学信息、建设国际地学合作平台、培养人才等方面达成共识(图5-12)。2021年10月21日—23日中国国际矿业大会期间,天津地质调查中心邀请坦桑尼亚、纳米比亚和卢旺达等驻华使馆参加中国地质调查局举办的"一带一路"矿业投资合作论坛和中国-非洲地调局长论坛。南非、坦桑尼亚、津巴布韦、安哥拉、刚果(金)、马拉维、莫桑比克和纳米比亚等8个国家的地调机构在中国-非洲地调局长线上论坛进行了主题发言,介绍了近年来工作进展,提出了与中方开展地学合作的设想,并表达了希望促进中资企业赴非开展矿业合作的意愿。2022年5月,天津地质调查中心联合北京矿世科技有限公司、北京地心互动科技有限公司、合众人寿保险公司联合召开了南部非洲矿业项目座谈会,就南部非洲赞比亚、津巴布韦、坦桑尼亚和卢旺达等4国的工作基础、国际合作进展、项目部署等方面召开南部非洲矿业项目座谈会。2022年3月,与俄罗斯科学院地质研究所沟通交流,共同申报了国家自然科学基金委员会与俄罗斯科学基金会合作研究项目,进一步深化了铀矿合作基础。2022年10月,天津地质调查中心与蒙古科学院地质研究所共同申报的中国和蒙古国政府间联合研究项目正式获得批准,持续巩固了合作关系。

图5-12 天津地质调查中心主任汪大明带队会见刚果公使衔参赞瓦朗坦

第四节　持续提升公共科普服务能力

天津地质调查中心始终高度重视科学普及工作,立足业务定位,普及地学知识,弘扬科学精神,传播科学思想,形成了稳定的科普工作志愿者团队,构建了知识领域广、服务范围大、志愿队伍壮的科普工作体系。伴随天津地质调查中心的业务范围由传统的"一老一新"扩大到基础地质、能源地质、矿产地质、水文地质、环境地质、工程地质、境外地质、遥感地质等多学科多业务体系的发展进程,地质科技成果的科普宣传题材逐渐丰富。在每年度的世界地球日、全国科技活动周、全国海洋日、全国土地日、全国科普日等重要科普活动节点,天津地质调查中心以地学知识进课堂、进社区为科普工作主要内容,采用讲座、发放宣传手册、标本展示等多种形式开展普及工作,累计受众人群达上万人次。

按照立足天津、辐射工作区、贴近融媒的科普工作思路,科普工作面向对象的服务体系更加完善。

一是与天津市教委地理教研组、天津大学、天津师范大学、南开中学、耀华中学、天津市外国语大学附属中学、八十二中、武清天河城中学、街坊小学、河西区第八幼儿园、天津市自然博物馆、天津市古海岸与湿地国家级自然保护区管理中心、宁河区七里海管委会、天津城市规划设计研究院、社区等众多组织单位合作开展科学普及工作,建立了广泛而持久的合作关系,成为天津市科学普及工作中的重要力量。

二是天津地质调查中心在地质调查项目工作区属地开展科学普及工作,助力地方乡村振兴。先后在河北顺平、雄安新区、内蒙古武川县、山东泰安等地方学校、社区组织开展了系列科普活动,得到当地学校、学生、群众广泛关注。2021年7月,天津地质调查中心全程技术支撑的曹家庄地质文化村,成为全国首批8个三星级地质文化村之一,服务曹家庄地质文化村完成以地质游学和生态农业为核心的产业布局,为乡村振兴发展提供了有力支撑。

三是支撑主流媒体做好宣传,展示地质科技成果,服务能源资源安全保障和生态文明建设。2015年,中心协助天津电视台走基层栏目宣传铀矿团队。2016年2月,中心协助天津广播电视台宣传豫西铀矿调查成果。2021年8月,天津地质调查中心受央视《远方的家》栏目邀请,拍摄播出《行走海岸线》,并参与天津电视台《潮天津》《津海岸》等节目的录制,为国家级和市级主流媒体科普产品制作提供了重要支撑。2022年5月22日王宏研究员接受新华网采访,展示中心古海岸变迁研究成果。

多年来,科普兼职人数在稳定中不断壮大。2019年金若时正高级工程师被聘为自然资源部2019年度自然资源首席科学传播专家。天津地质调查中心累计发表科普文章100余篇,科普展板数百张,科普著作10余部,2022年海岸带与第四纪地质室获评天津市科普工作先进集体(图5-13)。

第五章 华北地质科技创新中心"火车头"牵引作用显现

图 5-13 科普工作成果

第六章
建实华北地质调查协调办公室 构建央-地统筹协调新机制

　　10年来,地质调查项目架构及管理发生了很大的变化。一是从2016年开始,地质调查项目架构由"专项-计划-工作项目"三级体系,转变成"计划-工程-项目"三级体系。二是2016年之前,主要由华北地区调查项目管理办公室(简称华北项目办)代表地调局负责整个华北地区中央财政地质调查项目管理;2016年中央与地方事权分离、财政体制改革以后,华北项目办职能发生转变,主要负责地调局地质调查项目管理与地方地质调查协调。三是2021年,按照地调局新的"三定"方案规定,华北地区地质调查项目管理办公室更名为华北地区地质调查协调办公室。

第一节　新时期地质调查项目的管理

一、中央财政经费地质调查项目管理

2016年前,地质调查项目结构为"专项-计划-工作项目"三级体系。2016年,新一轮地质调查项目开始,项目结构调整为"计划-工程-项目"三级体系,以3年为周期,进一步明确项目为二级项目,是局层面最小的项目管理单元。在具体实施过程中,项目承担单位可根据实际情况细分出一些工作内容(或子项目),直到2022年,一直保持这种项目结构模式。

2016年前,项目管理工作的范围,主要为属地管理,即华北项目办负责整个华北七省(区、市)所有项目的管理;2016年开始,项目管理工作的范围,变成了归口管理(按项目归属地区确定管理单位)、指定管理(按项目性质确定管理单位),即地调局按立项论证组织、实施方案审核等具体项目管理内容确定管理单位,主要由6个大区中心、发展研究中心、地科院等负责。另外,大区项目办除负责归口管理项目实施、监管外,主要还负责华北地区各省(区、市)"需求、项目、成果"对接,负责组织凝练区内重大地质问题,提出辖区新的地质调查工作部署建议,统筹协调中央经费与地方经费地质调查项目部署等。

二、2013—2022年历年中心承担地质调查项目情况（表6-1,图6-1）

2013年,中心牵头组织实施7个地质调查计划项目,承担55个工作项目,财政资金总额1.278亿元。

2014年,中心牵头组织实施6个地质调查计划项目,承担50个工作项目,财政资金预算1.072亿元。

2015年,中心牵头组织实施6个地质调查计划项目,承担43个工作项目,财政资金预算1.178亿元。

2016年,中心牵头组织实施4个地质调查工程,承担17个二级项目(含预算分列项目),总经费2.940 3亿元。

2017年,中心牵头组织实施4个地质调查工程,承担19个二级项目(含预算单列项目),总经费3.045 2亿元。

2018年,中心牵头组织实施4个地质调查工程,承担22个二级项目(含预算单列项目),总经费3.300 7亿元。

2019年,中心牵头组织实施6个地质调查工程,承担20个二级项目(含预算分列项目),总经费2.138 6亿元。

2020年,中心牵头组织实施6个地质调查工程,承担20个二级项目(含预算分列项目),总经费1.200 5亿元。

2021年,中心牵头组织实施6个地质调查工程,承担19个二级项目(预算分列项目),项目总经费8130万元。

2022年,中心牵头组织实施3个地质调查工程,承担10个二级项目(预算分列项目),项目总经费8 160.35万元。

表 6-1　2013—2022 年天津地质调查中心承担地质调查项目情况表

年度	项目数	经费/万元	项目性质
2013	55	12 780	工作项目
2014	50	10 720	工作项目
2015	43	11 780	工作项目
2016	17	29 403	二级项目
2017	19	30 452	二级项目
2018	22	33 007	二级项目
2019	20	21 386	二级项目
2020	20	12 005	二级项目
2021	19	8130	二级项目
2022	10	8 160.35	二级项目

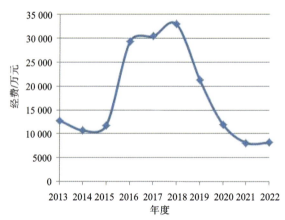

图 6-1　2013—2022 年中心承担地质调查项目经费变化曲线图

三、2013—2022 年华北地区中央财政经费地质调查项目情况(表 6-2,图 6-2)

2013—2015年,地质调查项目结构为"专项-计划-工作项目",中央财政经费在华北地区部署26个计划项目、519个工作项目,累计投入公益性地质调查工作的总经费11.2亿元,其中:2013年投入3.04亿元,2014年投入5.39亿元,2015年投入2.77亿元。

2016—2018年,地质调查项目结构调整为"计划-工程-项目",中国地质调查局以"十大计划、六十项工程、三百多项目"的总体布局,在华北地区部署32项工程126个二级项目,累计投入公益性地质调查工作的总经费28.85亿元,其中:2016年投入8.27亿元,2017年投入7.70亿元,2018年投入12.88亿元。

2019—2021年,地质调查项目结构为"计划-工程-项目",中国地质调查局以"十五大计划、七十工程、五百个项目"的总体布局,在华北地区部署67项工程268个二级项目(或预算分列项目),累计投入公益性地质调查工作的总经费约34.16亿元,其中:2019年投入18.67亿元,2020年投入10.07亿元,2021年投入5.42亿元。

2022—2024年,地质调查项目结构为"计划-工程-项目",2022年,中国地质调查局在华北地区部署42项工程、114个二级项目(或预算分列项目),投入经费9.4804亿元。

表6-2 2013—2022年中央财政在华北地区部署地质调查工作情况表

年度	项目数	经费/万元	项目性质
2013	149	30 400	工作项目
2014	194	53 900	工作项目
2015	176	27 700	工作项目
2016	84	82 700	二级项目
2017	87	77 000	二级项目
2018	118	128 800	二级项目
2019	164	186 700	二级项目
2020	160	100 700	二级项目
2021	144	54 200	二级项目
2022	114	94 804	二级项目

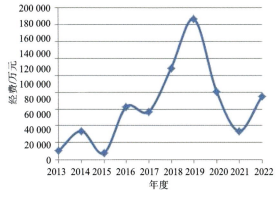

图6-2 2013—2022年中央财政在华北地区投入经费变化曲线图

第二节 在转型升级与高质量发展背景下的华北地质调查央-地统筹协调新机制

一、探索发展华北地质调查央-地统筹协调新机制

2016年以来,华北项目办进行过一系列探索,每年与华北各省(区、市)相关单位开展多次对接,共同凝练华北地质调查重大问题,统筹谋划华北地区地质调查项目,探寻央-地契合点,共同促进华北地区地质调查事业协调发展。逐渐建立央-地统筹协调新机制,充分发挥中央财政引领作用,带动地方和企业跟进,达到"四两拨千斤"效果,例如与山东省签订战略合作协议带动地方投入资金9.75亿元;与天津市共同谋划地热地质调查,助力天津市清洁能源发展、实现"双碳"目标等典型案例。

2017年12月,中心组织华北七省(区、市)的自然资源主管部门、地调院、地质环境监测总站(中心)等和局属相关单位,召开"华北地区中央-地方公益性地质调查工作座谈会",学习贯彻《中国地质调查局关于加强对地方公益性地质调查队伍指导与合作的意见》(简称《意见》),就新时代如何加强中央-地方公益性地质调查工作展开研讨(图6-3)。与会各方达成四点共识:一是地方公益性地质队伍以往发挥了重要作用,今后仍要继续发挥作用;二是公益性地质工作必须主动适应新机制,双方要积极探索新的组织、合作形式;三是要抓好《意见》落实;四是公益性地质调查只要精准对接国家发展的重大需求,就大有可为,必然会以有为之行创有位之势。此次会议,对构建中央-地方公益性地质工作新型关系,提升公益性地质工作服务经济社会发展具有重要的意义,会议得到了中国地质调查局有关领导的充分肯定,王昆副局长参加会议并发表了重要讲话。

图6-3 2017年12月,中心组织召开华北地区中央-地方公益性地质调查工作座谈会

2019年5月,与山东省自然资源厅共同编制《服务山东新旧动能转换地质调查工作方案(2019—2025年)》,推动自然资源部中国地质调查局与山东省人民政府签订《自然资源部中国地质调查局山东省人民政府关于加强山东省地质调查工作战略合作协议》。进一步强化部省合作,加强协同部署,带动地方累计投入经费9.75亿元,在城市地质调查、海岸带海岛与海洋综合地质调查、战略性矿产勘查和清洁能源调查、水资源调查及环境地质调查、特色农业土地质量地球化学、科技创新平台建设及地质资料社会化服务等方面取得重要成果。

2019年6月,为贯彻执行"全力支撑能源、矿产、水和其他战略资源安全保障,精心服务生态文明建设和自然资源管理中心工作"的总体要求,全面落实《全国地质调查规划(2019—2025年)》,组织华北地区七省(区、市)相关单位,编制《全国地质调查规划(华北地区)实施纲要(2019—2025年)》,初步构建了央-地地质调查工作的协调联动机制,明确部署了2019—2025年华北地区7项地质调查重点工作和发展方向(图6-4)。纲要充分发挥地质调查工作的基础性、公益性和战略性作用,以地球系统科学为引领,以科技创新和信息化建设为引擎,统筹部署和实施地质调查工作,着力解决一批制约华北地区经济社会发展、生态文明建设的清洁能源、关键矿产和水资源等领域关键地质问题,有力支撑世界一流地质强国建设,统筹部署了华北地区7项地质调查重点工作,为一定时期华北地区地质调查工作指明了方向。

图6-4　2019年6月,中心组织召开编制《全国地质调查规划(华北地区)实施纲要(2019—2025年)》研讨会

2019年12月,联合华北七省(区、市)有关单位,组织编制《黄河流域(华北段)地质调查工作程度图集》《黄河流域(华北段)自然资源图集》《服务黄河流域(华北段)生态保护和高质量发展地质调查规划(讨论稿)(2020—2025年)》《京津冀协同发展区地质调查2019—2025年工作部署情况》。组织召开华北地质工作研讨会,与河北省、山西省、内蒙古自治区、山东省、河南省等五省(区)自然资源厅的有关负责人或代表,签订了地质调查工作统筹部署协调联动合作协议,确定了领导小组和5个工作组的组织架构、相关职责、

明确有关各方在工作程度对接、需求对接和协同部署、各项业务实施、重大成果应用转化、数据平台与信息服务等6个方面加强协调联动。会议得到了中国地质调查局有关领导的充分肯定,王昆副局长参加会议并发表了重要讲话。本次会议为科学部署相关地质调查工作、服务好黄河流域生态保护和高质量发展以及京津冀协同发展奠定了基础(图6-5、图6-6)。

图6-5　2019年12月,组织召开华北地质工作研讨会

图6-6　2019年12月,与华北五省(区)自然资源厅签署协调联动合作协议

2020年5月,联合华北七省(区、市)地调院,共同编制《〈全国矿产资源规划(2021—2025年)〉华北地区矿产资源勘查开发与保护专题研究报告》,为之后一段时期华北各省(区)矿产地质工作部署提供参考。

2020年7月,推动天津地质调查中心与京津冀三省(市)局合作提升地质调查基础能力,谋划持续推进京津冀一体化协同发展重大国家战略,进一步优化落实《京津冀协同发展及雄安新区地质调查实施方案(2020—2025年)》。

  2020年8月,天津市规划和自然资源局党组成员、总建筑师刘荣一行到访中心调研对接,并与华北项目办签署统筹部署协调联动合作协议(图6-7、图6-8)。此次对接建立了央-地地质调查工作统筹部署、协调联动的合作工作机制,为了更好地推进京津冀协同发展,充分发挥地质调查工作在天津市经济社会发展和生态文明建设中的基础性、先行性作用奠定了重要基础,促使2021年、2022年中心与天津市共同推进地热地质调查项目落实落地。

图6-7　2020年8月,与天津市规划和自然资源局交流对接

图6-8　2020年8月,与天津市规划和自然资源局地质调查工作统筹部签署
协调联动合作协议

2021年3月，为进一步加强天津地热资源持续健康开发利用，推进地质科技创新服务天津市绿色低碳经济发展，助力天津市碳达峰、碳中和。天津地质调查中心与天津市规划与自然资源局组织天津华北地质勘查局、天津市地质矿产勘查开发局、天津地热勘查开发设计院、中煤水文局集团有限公司、中国地质调查局水文地质环境地质调查中心等多家单位就深部地热勘查开发进行对接研讨（图6-9），充分做好顶层设计，吸纳各方优势力量，创新合作模式，协同攻关，共同推进天津深部地热勘查开发。

图6-9　2021年3月，组织召开天津市深部地热勘查开发对接研讨会

2021年以来，结合天津市绿色低碳经济社会发展目标，主动与天津市规划和自然资源局、科技局沟通对接，联合地矿局、华勘局、测绘院、中煤水文局等在津地勘单位和海河产业基金，组织编制了《地质科技创新服务天津市绿色低碳经济社会发展的建议》，并以中心中央驻津单位的名义上报市委、市政府主要领导，得到了中共中央政治局委员、天津市委书记李鸿忠同志的重视与表扬。目前由孙文魁副市长和王卫东副市长组织市规划资源局、科技局、环境局、发改委、农委、网信办共同推进落实，重点包括地热资源高质量开发利用、海岸带生态修复和水土质量生态地质调查、"透明天津"智能化空间信息大数据服务平台和促进"一带一路"国际矿业发展等四大地质科技创新方向。充分发挥了大区地调中心和大区项目办职能，将局组织的国家重大地质调查战略落实到天津市的具体工作中，拓展了服务领域。同时也充分发挥了区域地质科技创新中心职能，真正整合了区域内行业地勘单位人才、装备、资金等资源力量，开放合作、融合众筹，更直接、更具体、更有效地服务地方社会经济发展，为天津市量身定制地质科技创新服务，加强中央与地方协调联动，保障地质调查事业高质量发展。

2021年5月，积极策划和推进央地地质工作统筹部署、协调联动新机制，支撑好央-地地质工作"一盘棋"的顶层设计，组织召开华北地区"十四五"规划研讨会（图6-10），联合华北七省（区、市）有关单位，统筹华北地区中央和地方地质工作，紧密围绕京津冀协同发展、黄河流域生态保护和高质量发展、推进西部大开发和中部地区崛起、乡村振兴等国家重大战略,以及华北七省(区、市)国民经济和社会发展对地质工作的需求,研究编制《华北地区"十四五"地质调查规划纲要》《支撑服务黄河流域(华北段)生态保护和高质量发展"十四五"地质调查工作部署思路》《支撑服务京津冀协同发展"十四五"地质调查工作部署思路》,明确了华北地区"十四五"时期地质调查的目标任务和工作部署,为华北地区中央和地方地质调查工作提供了共同行动纲领。

图 6-10　2021 年 5 月,组织召开华北地区"十四五"规划研讨会

二、持续深化对接交流、着力推进统筹协调联动,华北地区央-地-企共谱地质调查新篇章

2021 年 10 月,中心新"三定"方案(《中国地质调查局天津地质调查中心(华北地质科技创新中心)主要职责、内设机构和人员编制规定》(中地调发〔2021〕74 号))落地。2021 年 12 月,根据新"三定"方案有关规定,对中心内设机构和职能定位进行了重新编排,成立了华北地质调查协调办公室,主要负责华北地区地质调查项目协调管理和三对接。形成了以中心领导牵头、规划处(华北地质调查协调处)具体负责的与地方单位对接交流的长效机制,逐渐建立了华北地区央-地-企合作新模式,开创了华北地区地质调查"一盘棋"的新局面。

2022 年以来,在中心领导的高度重视下和亲自带领下,华北协调办与华北各省(区、市)进行了各种层级的对接,取得了明显成效,逐渐完善并深化了华北地质调查央-地统筹协调新机制。一是通过精心部署落实"十四五"规划,充分做好顶层设计,形成了中心上下高度统一的思想,明确了合力打造中心"三块牌子",共同发挥作用,保障中心健康持续发展的新思路,主动"走出去"势在必行;二是持续推进京津冀一体化协同发展重大国家战略,围绕京津冀地区资源环境条件和重大地质环境问题和"十四五"京津冀地区经济社会生态发展对地质工作的需求,向北京、天津、河北发送"关于协同推进相关地质调查工作的商请函"得到积极响应;三是中心领导带队开展了18次与地方单位对接交流,取得了明显成效,中央与地方共享信息、同频共振,逐渐建立了高效、顺畅的中央、地方和企业的协调联动机制;四是2022年10月,按照局党组部署要求,充分发挥大区中心的"大区主战"作用,连续组织召开2次研讨会,与华北地区相关省(区)厅、局、院、行业企业等单位对接研讨,全力推动华北地区新一轮找矿突破战略行动部署落实落地,央-地-企契合度达到空前规模(图6-11、图6-12)。

图6-11　2022年1—10月,中心主任汪大明带队与各省厅(局)和地方单位对接交流

图6-12　2022年10月,组织召开华北地区新一轮找矿突破战略行动部署研讨会

第七章
以全面从严治党引领保障华北地质工作

十年来,中心党委和历任领导班子团结带领中心广大党员干部职工,坚持以马克思列宁主义、毛泽东思想、邓小平理论、"三个代表"重要思想、科学发展观、习近平新时代中国特色社会主义思想为指导,全面贯彻党的十九大和十九届历次全会精神、党的二十大精神,全面贯彻落实新时代党的建设总要求,坚决贯彻落实党中央重大决策部署,坚持围绕中心、服务大局,攻坚克难、砥砺奋进,以全面从严治党引领和保障地质调查事业高质量发展。

一、坚定拥护"两个确立",坚决做到"两个维护"

坚持把党的政治建设摆在首位,强化政治引领,推动中心事业发展。认真学习贯彻《中国共产党党和国家机关基层组织工作条例》,以党的政治建设为统领,强化政治机关意识教育,开展党章、党规、党纪教育,认真贯彻落实《中央和国家机关党员工作时间之外政治言行若干规定(试行)》中规定的"二十条不准"。党员干部深刻领悟"两个确立"的决定性意义,切实增强"四个意识"、坚定"四个自信"、做到"两个维护",政治机关意识不断强化,拥护核心、跟随核心、捍卫核心的思想自觉政治自觉行动自觉不断增强,政治判断力、政治领悟力、政治执行力不断提升,努力当好"三个表率"(图7-1、图7-2)。

图 7-1　中心举办"知史爱党、当好'三个表率'"专题党课　　　　图 7-2　中心开展廉洁教育

坚决贯彻落实习近平总书记重要指示批示精神和党中央重大决策部署,推动党的路线方针政策和党中央重大决策部署在中心落地见效。全面学习贯彻习近平总书记给山东省地矿局第六地质大队全体地质工作者重要回信精神,研究部署新一轮找矿突破战略行动。中心迅速组织学习研讨,召开华北地区新一轮找矿突破战略行动研讨会,组织华北地区各省(区、市)自然资源厅(局)、地矿(质)局、地调院,相关行业企业和局属9家单位参加山东省地质矿产勘查开发局第六地质大队队长丁正江同志学习贯彻落实习近平总书记重要回信精神和先进经验主题宣讲活动,围绕贯彻落实习近平总书记重要回信精神,深入研讨华北地区新一轮找矿突破战略行动工作部署、全国铀矿新一轮找矿突破战略行动工作部署及河北、山西、内蒙古、山东、河南新一轮找矿突破战略行动工作部署,为华北地区找矿突破战略行动工作精准部署和顺利实施夯实基础。

中心把支撑服务国家重大需求和区域经济社会发展作为检验"两个维护"的重要标志,全力保障国家能源资源安全,支撑京津冀协同发展、雄安新区建设、海洋强国、黄河流域生态保护和高质量发展、乡村振兴等国家战略实施,协同推进华北地质科技创新中心建设和地质调查事业转型升级取得新成效。认真贯彻落实国家"双碳"目标和能源安全战略,北方砂岩型铀矿找矿取得新突破,全力支撑国家能源资源安全保障;认真贯彻落实习近平总书记关于提高战略性矿产资源全球控制力和话语权的重要批示精神,推动新一轮战略性矿产找矿行动实施,编制并组织落实《新一轮战略性矿产找矿行动(华北)实施方案》,战略性矿产调查取得重要进展,成立华北大区新一轮找矿行动专项工作机构,建立了高效、顺畅的中央、地方和企业的协调联动机制;全面谋划支撑京津冀协同发展战略和雄安新区建设工作方向,积极推进华北地热地质勘查和高质量开发利用,形成地热勘查开发示范;落实深化改革要求,以科技创新和信息化建设驱动引领地质调查转型升级,加强学科统筹与机制平台建设并取得实质性成效。

二、强化理论武装,为事业发展积蓄精神动力

坚持读原著、学原文、悟原理,深入学习习近平新时代中国特色社会主义思想,着力

在学懂弄通做实上下功夫。构建"党委理论学习中心组带头学、各党支部和青年理论学习小组跟进学、党员群众自觉学"的全员学习机制,坚持全面系统学、及时跟进学、深入思考学、联系实际学,带着责任学、带着感情学、带着问题学,用党的创新理论指导破解改革发展问题。

深入学习贯彻党的十九大和十九届历次全会精神,把学习成果转化为推动工作、谋划发展、解决问题的思路举措(图7-3)。系统研究落实全面从严治党、持续深化改革、推进治理体系和治理能力现代化、实现"十四五"良好开局的思路举措,深入贯彻落实国家"十四五"规划,紧密围绕局"十大需求",聚焦中心"三块牌子"主责主业,从3个层面明确华北地区"十四五"地质调查工作方向,全面系统谋划中心"十四五"期间发展定位、发展目标、重点任务和保障措施。中心以管理改革促业务升级的高质量发展的局面初步形成,推动形成新的"四体系一机制"。

图7-3 中心深入学习贯彻党的十九大和十九届历次全会精神

认真学习贯彻党的二十大精神,切实把思想和行动统一到党的二十大精神上来。组织学习领会习近平总书记在省部级主要领导干部"学习习近平总书记重要讲话精神,迎接党的二十大"专题研讨班开班式上的重要讲话精神,制定印发学习贯彻党的二十大精神工作方案,召开专题部署会,组织收看党的二十大开幕会,围绕学习习近平总书记代表十九届中央委员会所作的报告开展研讨(图7-4、图7-5)。

图7-4 中心党委班子认真学习党的二十大精神

图7-5 中心援卢旺达地质矿产调查项目临时党支部在卢旺达首都基加利驻地集体观看党的二十大开幕会

通过强化理论武装,中心干部职工深入学习领会了习近平新时代中国特色社会主义思想,深刻理解和把握习近平新时代中国特色社会主义思想的世界观和方法论,坚持好、运用好贯穿其中的立场观点方法,认真领会"六个坚持",做到知其言更知其义、知其然更知其所以然;深刻领悟了"两个确立"的决定性意义,进一步增强"四个意识"、坚定"四个自信"、做到"两个维护",自觉在思想上、政治上、行动上同以习近平同志为核心的党中央保持高度一致。广大干部职工把学习宣传贯彻党的二十大精神同地质调查工作结合起来,把智慧和力量凝聚到实现党的二十大确定的各项任务上来,踔厉奋发、勇毅前行,以时不我待的精神,舍我其谁的担当,持续推动"十四五"重点工作任务落实落地,将学习贯彻党的二十大精神的成果转化为推进地质工作的思路举措、工作本领,奋力书写华北地质调查工作新篇章。

扎实开展主题学习教育,弘扬伟大建党精神,从百年党史中汲取智慧和力量。开展"保持党的纯洁性教育"、"党的群众路线教育实践活动"、"三严三实"专题教育、"两学一做"学习教育、"不忘初心、牢记使命"主题教育、党史学习教育、"四史"宣传教育等,推进党史学习教育常态化、长效化(图7-6)。举办庆祝建党百年系列活动,开展专题读书班、"我带大家一起学党史"、参观见学、经验交流、知识竞赛、征文、演讲、书画摄影展、短视频征集、文艺汇演、歌咏比赛等活动。开展"我为群众办实事"实践活动,多措并举关心关爱职工,切实解决群众"急难愁盼"问题。通过开展学习教育,中心广大党员干部学思践悟,在"学"中筑牢思想根基,在"做"中彰显先锋本色,纪律规矩意识显著增强;坚持学思用贯通、知信行统一,坚定了理想信念,强化了宗旨意识,增强了守初心、担使命的政治自觉、思想自觉和行动自觉,提振了干事创业、担当作为的精气神;坚持学史明理、学史增信、学史崇德、学史力行,从百年党史中汲取前行力量,弘扬伟大建党精神,培育了发扬斗争精神、勇于自我革命的精神品格,涵养了风清气正、干事创业的政治生态,推动了中心各项工作,为促进地质调查事业高质量发展积蓄了强大精神动力。

图7-6　中心先后组织开展"三严三实"专题教育、"两学一做"学习教育、
"不忘初心、牢记使命"主题教育、党史学习教育

三、紧抓责任落实,坚持不懈把全面从严治党向纵深推进

中心认真贯彻落实全面从严治党战略部署,坚持将全面从严治党要求贯穿于工作全过程,全面落实全面从严治党主体责任和监督责任。制定《实行全面从严治党主体责任和监督责任目标责任制实施细则》《党委及其班子成员落实全面从严治党主体责任清单》,健全全面从严治党责任体系,落细抓实党委领导班子及成员、纪委、党支部、党的工作部门及党员责任。领导班子成员认真履责,强化责任传导,认真落实"第一责任人"责任、"党政同责""一岗双责",加强对分管部门、党支部的指导和监督,全面落实"七个下沉一级"要求,坚持党建工作与业务工作同谋划、同部署、同推进、同考核,推进党建工作与业务工作有机融合。每年专门召开会议部署全面从严治党工作。深入贯彻落实《中共中央关于加强对"一把手"和领导班子监督的意见》,党委加强对监督工作的领导,坚决落实党中央关于全面从严治党的决策部署,统筹党内各项监督,支持纪委履行监督责任,督促职能部门加强职能监督、党支部加强日常监督,发挥党员民主监督作用。纪委加强对"一把手"、同级领导班子和各部门负责人的监督,落实落细"专责监督"职责,着力强化政治监督,做实日常监督,促进各类监督形成监督合力(图7-7、图7-8)。

图7-7 中心召开党建工作推进会

图7-8 中心组织"七一"主题党课

驰而不息纠正"四风",严格落实中央八项规定及其实施细则精神。以"改进作风、解决问题、注重实效"为着力点,深化整治形式主义、官僚主义。建立完善领导班子成员对点联系工作机制,全面深入掌握基层工作实情;严格落实会议计划,强化会议统筹,会议效率显著提升,文风会风大幅改善;优化各类审批流程,实行项目"在线监督",实现为科研人员"松绑减负"。严格落实中央八项规定及其实施细则精神,坚持厉行节约、反对浪费,压减非急需刚性支出预算,公务接待费连续下降,干部职工"过紧日子"思想进一步牢固,推进节约型单位建设成效明显。持续加强党务、事务公开,中心会议纪要、职称岗位评审、项目委托、物资采购、"两重"工作推进、预算执行等事项均在内网公开。

坚持把思想政治工作贯穿业务工作全过程,涵养风清气正的政治生态。持续关注职工"四态",建立并落实党政群团齐抓共管的"四态"工作机制,建立领导接待日制度。深入基层调研,开展"四态"调查,举办健康、心理等专题讲座,组织不同群体开展座谈,对于

职称评审、岗位聘任等具体工作责成具体承办部门做好解释说明工作,加强思想引导和心理疏导,积极协调解决问题。持续开展政治生态整治专项行动,梳理形成问题清单,逐项推进整改,坚决纠正各种不正之风,将政治生态建设融入日常、抓在经常。近年来,以推进落实全面从严治党、"三个指导意见"等重点事项为抓手,把解决政治生态问题同解决实际问题结合起来,进一步压紧压实全面从严治党责任,中心形成了干事创业、风清气正的良好政治生态。严格落实意识形态工作责任制,认真学习贯彻习近平总书记关于意识形态工作的重要论述,深刻理解把握总体国家安全观,加强意识形态阵地管理,把互联网管理作为重中之重,严格落实信息发布"三审三校"制度,切实维护网络意识形态安全。加强安全、保密工作,落实责任,健全制度,加强督办和检查,主动防范化解意识形态、安全、保密等领域重大风险。

以落实问题整改为抓手,完善制度体系建设,推进治理体系和治理能力现代化。持续推进制度"立改废",制、修订制度215项次,其中制、修订党建制度40项次,2021年新建制度17项,修订制度50项,2022年修订制度19项,制度体系更加完善,制度执行力显著提高。强力推进巡视、政治生态及"灯下黑"专项整治等,发现问题及时整改。

四、坚持党管干部、党管人才,贯彻新时代党的组织路线

加强领导班子建设。坚持重大事项及时请示报告。坚持民主集中制,做到集体领导、民主集中、个别酝酿、会议决定,细化"三重一大"事项清单,做到民主、科学决策。

坚持正确选人用人导向,不断加强干部队伍建设。严格落实好干部标准,完善干部选任、干部监督等制度。大力提拔优秀年轻干部,截至2022年10月底,中心处级干部52人,其中"80后"干部34人,占比65.38%。年龄结构、专业结构明显优化,优秀年轻干部培养任用走在全局前列,干部整体素质显著提升。加强干部人才培养,选拔政治素质过硬、敢于担当作为的干部和青年骨干。抓实党务干部队伍建设,加强专业培训、工作指导和实践锻炼,党务干部能力、素质显著提升(图7-9～图7-12)。

图7-9　中心组织党务干部培训班

图7-10　中心组织"讲述局史局风、牢记使命初心"主题宣讲会

图7-11 中心组织党员、青年赴天津觉悟社纪念馆开展"喜迎二十大 奋进新征程"主题活动

图7-12 中心举行升国旗仪式

五、夯实组织建设,促进党支部工作标准化规范化

中心认真落实《中国共产党支部工作条例(试行)》,突出增强政治功能和组织功能,着力创建"四强"党支部,严肃党内政治生活,提高"三会一课"和组织生活会质量,全面推进党支部标准化规范化建设,有力推进党建工作与业务工作有机融合。聚焦"政治功能强",坚持党办人员联系党支部工作制度,督导党支部组织生活会,落实内部巡察、党建巡察与党建工作述职评议考核。突出"支部班子强",完善党支部建设和野外临时党支部建设,发挥政治、引领、服务、管理、监督功能,不断提升党务干部履职能力。围绕"党员队伍强",组织学习先进典型,不断提升党组织的凝聚力、战斗力和党员队伍素质。加强党员教育管理监督,将优秀青年骨干培养发展成党员。10年来,中心共发展党员22人,转正29人。立足"作用发挥强",探索党支部在推进重要工作落实、干部选拔任用和关键岗位推荐中发挥作用,联合天津市科技系统单位推进支部共建,促进党建与业务有机融合(图7-13、图7-14)。

图7-13 2016年10月9日,中心召开党员大会,圆满完成党委、纪委换届选举工作

10年来,中心基层党组织和党员队伍持续发展壮大,党组织的战斗堡垒作用和党员的先锋模范作用进一步发挥。党组织的凝聚力、战斗力显著增强,特别是在抗疫斗争等

图 7-14　2021 年 12 月 20 日,中心召开党员大会,圆满完成党委、纪委换届选举工作

急难险重任务面前,广大党员干部冲在一线、敢于担当,用实际行动践行初心使命。截至 2022 年 10 月底,中心现有党总支 1 个,党支部 21 个,党员 280 人。10 年来,中心共评选表彰优秀共产党员和优秀党务工作者 270 人次,先进党支部 38 个。30 人次获评天津市、地调局、天津市科技系统优秀共产党员和优秀党务工作者,1 个党支部获评天津市"五好党支部"和"五好党支部示范点",10 个党支部获评地调局、天津市科技系统先进基层党组织(图 7-15～图 7-17)。

图 7-15　中心离退休干部处党总支获评天津市"五好党支部"和"五好党支部示范点"

图 7-16　中心信息化室党支部获评天津市科技系统"先进基层党组织"

图 7-17　中心与天津市地热勘查开发设计院联合开展主题党日活动

六、深入开展党风廉政建设和反腐败斗争，一体推进不敢腐、不能腐、不想腐

构建廉政责任体系，持续强化廉政责任传导。坚持以局党组提出的"八问"和"六个强力推进"为总抓手，牢牢牵住"责任制"这个"牛鼻子"，按照"七个下沉一级"要求，通过按年度印发《党风廉政建设和反腐败工作要点和责任分工》、签订廉政责任书、制定部门及项目负责人廉政责任清单等，层层传导并压紧压实党风廉政建设主体责任和监督责任，有效推进全面从严治党向纵深发展。

构建廉政风险防控体系，不断加固廉政风险"防火墙"。坚持问题导向，全面排查梳理并动态分析研判廉政风险和隐患，按年度印发《廉政风险隐患及防控措施》，聚焦重点部位和关键环节，先后制定了《廉政风险易发多发问题负面清单》和《关键领域廉政风险负面清单》，定期开展廉政风险分析研判，建立廉政风险排查及防控措施动态更新机制，健全制度，强化监管，持续有效织密"防控网"，筑牢"防火墙"。

构建廉政监督体系，有效提升监督治理效能。紧盯重点领域和关键环节，不断强化政治监督，完善专责监督，做实做细日常监督。综合开展内部巡察、内部审计、案件调查、调研和专项检查等，尽早发现问题、督促整改、促进完善。有效发挥《监督建议书》的作用，不断促进监督监管融合，推进形成"1＋N"监督合力，综合监督效能不断增强。

构建廉政宣传教育体系，坚持筑牢廉洁思想防线。常态化开展廉政教育、培训和提醒，不断丰富教育内容和形式、扩大谈话范围、增加谈话频次，做到教育和提醒常在耳边、监督就在身边。专项开展集中警示教育、纪法教育、廉政文化周和廉政文化月等活动，不断增强全体干部职工，特别是党员领导干部和关键岗位人员廉洁自律的思想自觉和行动自觉。

构建廉政考核体系，推进考核结果的运用。制定并修订《党风廉政建设廉政考核办法》，结合党风廉政责任落实情况、廉政风险防控情况和纪检部门日常监督发现问题情况，细化和量化考核内容及指标，廉政考核结果纳入年度绩效考核，有效发挥党风廉政建设考核"指挥棒"的作用（图7-18、图7-19）。

图7-18 中心召开全面从严治党和党风廉政建设工作会议

图7-19 中心开展纪检干部培训

严肃执纪问责,深化运用监督执纪"四种形态"。坚持挺纪在前,精准把握运用"四种形态",持之以恒正风肃纪,以钉钉子精神坚决整治不正之风。认真执行《中国地质调查局监督执纪工作规范》,严格规范执纪问责。坚持严管与厚爱相结合,坚持抓早抓小、防微杜渐,做到早发现、早提醒、早教育、早纠正。

七、积极践行社会主义核心价值观,创建全国文明单位

弘扬"李四光精神"和"三光荣"传统,深化"责任、创新、合作、奉献、清廉"新时代地质文化宣传践行。加强学习教育和先进典型宣传,党政工团协调配合,选树全国先进工作者王宏、全国五一劳动奖章获得者金若时、援疆干部滕学建等先进典型,引导和激励广大干部职工立足岗位、建功立业。2017年、2020年,中心两次获评"全国文明单位",荣获"全国五一劳动奖状"等一系列殊荣(图7-20~图7-23)。

图7-20 中心先后荣获"全国文明单位""全国五一劳动奖状"等荣誉

图7-21 中心荣获国土资源部"十二五"科技与国际合作先进集体称号

图7-22 金若时同志获评2015年"天津市劳动模范"

图7-23 中心信息化室先后荣获天津市"三八红旗集体"和"巾帼文明岗"荣誉称号

支持群团组织立足职能开展工作，团结带领职工听党话、感党恩、跟党走，充分发挥群团组织作用。创建金若时劳模创新工作室，开展劳动技能竞赛，建设"职工之家"。中心工会获评2015—2016年度、2017—2019年度天津市科技系统"模范职工之家"。共青团开展结对子帮扶、科普宣传、志愿服务等活动，获评2017年天津市"优秀志愿服务团队"、2015年度"青年文明号"。做好统战工作，积极推荐、使用党外优秀人才。用心用情做好离退休工作，2016年获评自然资源部"离退休干部工作先进集体"，2017年、2022年分别荣获天津市"老干部工作先进集体"称号（图7-24～图7-29）。

图7-24　天津市科技工会赴天津地质调查中心雄安新区工作现场开展关爱职工送清凉送文化送健康慰问活动

图7-25　中心举办纪念抗战胜利70周年主题歌咏大会

图7-26　中心组织参加天津市科技系统职工庆祝中国共产党成立100周年歌咏比赛

图7-27　中心开展"地球日"科普宣传活动

图7-28　中心举办"青春心向党 建功新时代"演讲比赛

图 7-29　中心组织开展庆祝中心成立 60 周年职工系列文体活动

过去的 10 年,在天津市委、部党组、局党组和市科技局党委的坚强领导下,中心全面从严治党各项工作取得了显著成效。广大党员干部的理想信念更加坚定,政治判断力、政治领悟力、政治执行力加速提升,攻坚克难的勇气、责任担当的意识显著增强;中心一流的地调科研成果和人才不断涌现,风清气正、干事创业的良好政治生态持续巩固,开创了华北地质调查事业发展新局面。

编 后 语

向第二个百年奋斗目标迈进

岁月不居,时节如流。我们在坚守与收获中惜别2022年,过往的峥嵘已经彪炳史册,璀璨当下还在不断延伸,当我们与"60年"不舍再见的时候,光明的未来已悄然而至,需要我们踏实开拓。

未来,承载着希冀与憧憬,更赋予我们决不屈服、顽强斗争的气魄和力量。很多时候,只有回望走过的路,才能看清走了多远,欲达何处。

回首过往,我们走过千山万水,如今仍需继续翻山越岭。远眺前路,有康庄大道,亦有崇山峻岭;有江河入海,也有乱云飞渡。

新时代的考题已然列出,正待我们提起行囊、探寻矿藏,提交"报效国家、服务人民"的崭新答卷。我们将以史为鉴,从"过往"汲取能量,以"未来"聚焦当下、谋划长远,鼓起"闯"的勇气、激发"拼"的劲头、保持"实"的干劲,以时不我待、舍我其谁的精气神,只争朝夕、不负韶华,抢抓机遇、敢为人先,在华北大地坚守初心、放飞理想、践行使命,"追着未来出发",从辉煌的今天走向更加灿烂的未来。

天地档案 TIANDI DANG'AN

领 导 关 怀

中国地质调查局天津地质调查中心60年的发展，始终得到地质矿产部、自然资源部（原国土资源部）、科学技术部及中国地质科学院、中国地质调查局领导的关心、指导与支持，始终得到天津市市委、市人民政府和科技主管部门及所驻区域各级地方政府领导的帮助和支持，他们多次莅临视察、指导工作。

天津蓟县中上元古界是天津所重点研究区之一，经国务院批准被列为国家级自然保护区。1985年10月时任市长李瑞环和地质矿产部部长朱训为保护区成立揭幕。

同时，王曰伦等老一辈专家也多次得到毛泽东、朱德、周恩来等党和国家领导人的接见。

领 | 导 | 关 | 怀

1963年华北大洪水后,李四光部长在华北地质科学研究所第四纪地质室人员陪同下,考察洪灾情况。左一王曰伦、左二姜达权、左四李四光。

1966年3月4日北京,在地质力学所院内,李四光部长(左九)和他亲自指导下的冰川地质考察队全体成员合影,其中有华北地质科学研究所部分科研人员,周慕林研究员(前左三),陈矛南研究员(后左四),王淑芳副研究员(前右四)。

1989年4月15日,时任地质矿产部部长朱训来天津所视察工作。

1987年,国家科委主任宋健在地矿部副部长张宏仁陪同下前往天津蓟县中上元古界自然保护区视察,听取天津所专家介绍有关情况。

领 | 导 | 关 | 怀

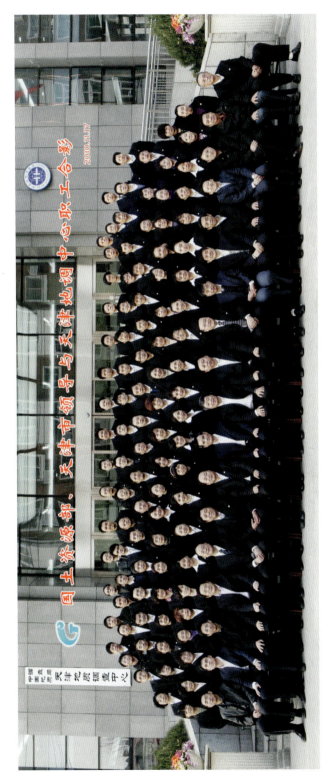

2010年11月17日,国土资源部徐绍史部长、副部长兼中国地质调查局局长汪民,天津市副市长熊建平到天津地调中心视察并与中心职工合影。

2010年4月26日,国土资源部徐绍史部长及其他部领导在部机关亲切接见天津地调中心研究员王宏等部系统受到国务院表彰的全国劳模。

2019年7月12日,自然资源部部长、党组书记,兼国家自然资源总督察陆昊到天津地调中心视察调研。

领 | 导 | 关 | 怀

1992年,中国地质科学院院长陈毓川院士到天津所参加建所30周年纪念大会。

1980年7月,中国出席第26届国际地质大会代表团赴巴黎前在首都机场与送行领导合影
（前排左三王曰伦,左四卢衍豪,左六地质部副部长邹家尤,左七程裕淇；
第二排左三涂光炽,左四陈毓川）。

1989年12月12日,原国家科委副主任武衡来天津所视察工作。

2000年12月28日,中国地质调查局局长叶天竺来所参加前寒武纪研究中心成立大会。

领 导 关 怀

2002年，国土资源部副部长兼中国地质调查局局长寿嘉华来所视察并听取时任所长傅秉锋汇报工作。

2007年1月11—12日，国土资源部党组成员，中国地质调查局局长、党组书记孟宪来考察在建综合办公楼。

2008年2月27日,国土资源部党组成员、副部长,中国地质调查局局长、党组书记汪民到天津地调中心开展工作调研。

2009年8月,国土资源部党组成员、副部长,中国地质调查局局长、党组书记汪民来天津地调中心视察工作。

领 | 导 | 关 | 怀

2003年11月18日,时任中国地质调查局副局长、党组副书记汪民莅临华北大区联席会议进行指导。

2018年10月17日,自然资源部党组成员,中国地质调查局局长、党组书记,中国地质科学院院长钟自然到天津地调中心调研。

2017年8月23日，自然资源部党组成员，中国地质调查局局长、党组书记，中国地质科学院院长钟自然到雄安新区地质调查现场指挥部调研并与工作人员合影。中国地质调查局副局长、党组成员王昆，中国地质调查局总工程师室主任徐学义陪同。

2021年10月22日，自然资源部党组成员，中国地质调查局局长、党组书记，中国地质科学院院长钟自然，中国地质调查局副局长、党组成员牛之俊到天津地调中心调研。

领 | 导 | 关 | 怀

2008年11月,时任中国地质调查局副局长、党组副书记钟自然(左二)到天津滨海新区地面沉降分层标考察指导。

2011年3月16日,时任中国地质调查局副局长、党组成员李金发(左二)到天津地调中心考察。

2013年4月17日,时任中国地质调查局副局长、党组成员李金发到天津地调中心调研业务建设和项目管理等工作。

2015年3月3日,时任中国地质调查局副局长、党组成员李金发到中心考核领导班子和领导干部期间看望老干部。

领 | 导 | 关 | 怀

2006年6月30日,中国地质调查局副局长、党组成员王学龙到科研综合楼工地实地察看施工情况。

2009年1月14日,中国地质调查局副局长、党组副书记王宝才(中)到天津地调中心考核领导班子和领导干部。

2012年1月4—5日,中国地质调查局副局长、党组副书记王研到天津地调中心考核领导班子和领导干部。

2017年7月10日,中国地质调查局副局长、党组成员王昆赴雄安地质调查现场调研指导并慰问野外工作人员。

领 | 导 | 关 | 怀

2018年4月17日,中国地质调查局纪检组长、党组成员李海清到天津地调中心调研。

2021年5月24—25日,中国地质调查局华北地区地质调查"十四五"规划研讨会在天津召开,全国政协常委、中国地质调查局副局长李朋德出席会议并讲话。

2023年2月23日,中国地质调查局副局长、党组成员颜成义到天津地调中心考核领导班子和领导干部。

2016年9月25日,中国地质调查局总工程师严光生在天津地调中心会见澳大利亚地调机构代表团,主持召开中澳地质科技国际合作研讨会。会上,天津地调中心与西澳地调局签署了项目合作协议和合作意向书。

领 导 关 怀

2009年4月28日,中央地质勘查基金华北项目监理部揭牌仪式在中国地质调查局天津地质调查中心举行,国土资源部中央地质勘查基金管理中心主任程利伟(左二)与中国地质调查局天津地质调查中心主任金若时共同为中央地质勘查基金华北项目监理部揭牌。

2010年4月28日,王宏作为全国先进工作者出席天津市庆祝"五一"国际劳动节大会,会前,市委科技工委书记、市科委主任李家俊(左一)、市委科技工委副书记邵毅,巡视员李平,市科委副主任陈养发亲切会见了王宏,向他表示热烈祝贺。中心主任金若时、中心党委书记王凤桐等陪同会见。

以王宏研究员为代表的"海岸带近现代地质环境变化研究小组"于2007年荣获天津市第二批"工人先锋号"称号,也是科技系统唯一获此殊荣的集体。11月28日,天津市总工会常委、教育工会主席李子星、副主席秦建中(右二)来所,为其授牌。

附　录

附录1　近10年历任党政领导干部任职情况

时间	主任	党委书记	其他班子成员
中国地质调查局天津地质调查中心 （天津地质矿产研究所） （2017.05 中国地质调查局天津地质调查中心加挂的天津地质矿产研究所牌子调整为 华北地质科技创新中心） 中共中国地质调查局天津地质调查中心委员会 （中共天津地质矿产研究所委员会） （2016.10—2021.12）			
2005.09—2017.09	金若时 （兼任党委副书记）	王凤桐 （2000.06—2009.11，同时兼任纪委书记） 傅秉锋 （2009.11—2014.04，同时兼任纪委书记） 孙晓明 （2016.02 任党委书记，2016.02—2017.09 兼任副主任）	马德有，巡视员（正局级）（2009.05 任职，2013.04 退休）
			张文秦，副主任（副所长）、党委委员（2008.03 任职，2015.01 退休）
			苗培森，总工程师、党委委员（2011.08 任职）
			骆庆君，副主任（副所长）、党委委员（2011.08 任职，2015.10 调出）
			高新平，副主任（副所长）、党委委员（2011.11 任职）
			赵凤清，副主任（副所长）（2015.05 任职）
			肖桂义，副主任（副所长）、党委委员（2015.07 任职，2016.05 调出）
			贾伟光，纪委书记（2016.12 任职）、党委委员（2015.12 任职）
			徐刚峰，副主任、党委委员（2017.03 任职）
中国地质调查局天津地质调查中心（华北地质科技创新中心） 中共中国地质调查局天津地质调查中心委员会（2016.10—2021.12）			

续附录 1

时间	主任	党委书记	其他班子成员
2017.09—2020.08	孙晓明（2019.11—2020.08,兼任党委副书记）	孙晓明（2016.02—2019.11）曹贵斌（兼任副主任，2019.11 任职）	汪大明,副主任、党委副书记（2019.12 任职）
			苗培森,总工程师、党委委员（2018.12 退休）
			高新平,副主任、党委委员（2020.04 调出）
			赵凤清,副主任
			贾伟光,纪委书记、党委委员（2016.12 任职,2019.12 调出）
			徐刚峰,副主任、党委委员（2017.11 退休）
			张永双,副主任、党委委员（2017.12 任职,2019.09 调出）
			魏长武,副主任、党委委员（2018.10 任职,2020.05 调出）
			赵雪梅,纪委书记、党委委员（2019.12 任职）
			林良俊,副主任、党委委员（2019.12 任职）
			朱群,副主任、党委委员（2020.03 任职）
\multicolumn{4}{c}{中国地质调查局天津地质调查中心（华北地质科技创新中心）中共中国地质调查局天津地质调查中心委员会（2021.12—）}			
2020.08 至今	汪大明（2020.08—2022.05,主持工作,2022.05 至今,主任）（2019.12 至今,兼任党委副书记）	曹贵斌	李基宏,副主任、党委副书记（正局级）（2022.06 任职）
			赵凤清,副主任（2021.05 退休）
			朱群,副主任、党委委员（2020.03 任职）
			张起钻,副主任、党委委员（2021.06 任职）
			赵雪梅,纪委书记、党委委员（2019.12 任职,2022.10 退休）
			林良俊,副主任、党委委员
			王福杰,副主任、党委委员（2022.04 任职,2022.09 退休）
			高新平,副主任、党委委员（2022.09 任职）
\multicolumn{4}{l}{其他班子成员排序：以任职职务及任职时间先后排序,任职时间相同的以到中心工作时间排序。}			

附录

附录 2 科技成果奖励情况

序号	获奖成果	授奖部门	授奖时间	获奖等级	获奖人
1	津巴布韦区域地球化学调查与战略找矿	国土资源部	2013 年	科学技术奖二等奖	赵更新、金若时、戴学富、俞初安、贺福清、张素荣、何会民、张 燕、刘文斌、唐志中、刘正好、徐国维、千新涛、郭大顺、高福利
2	青海省 1∶25 万都兰县幅区域地质调查报告	中国地质调查局	2014 年	地质调查成果奖二等奖	辛后田、郝国杰、韩英善、陈能松、王惠初、祁生胜、袁桂邦、陈安蜀、周世军、于 华
3	海河流域（京津冀鲁豫）平原区多目标区域地球化学系列图编制	中国地质调查局	2014 年	地质调查成果奖二等奖	赵更新、金若时、张素荣、贺 颢、李 敏、成杭新、张 燕、李建国、贺福清、杨志宏
4	青海 1∶5 万鱼卡沟幅、西泉幅区域地质调查报告	中国地质调查局	2014 年	地质调查成果奖二等奖	王惠初、张宝华、袁桂邦、辛后田、吕惠庆、郝国杰、于 华、王少君、张 燕
5	武当-桐柏-大别成矿带及地质找矿部署方案	中国地质调查局	2014 年	地质调查成果奖二等奖	彭三国、蔺志永、李书涛、许 卫、王爱国、胡俊良、吕文德、苗培森、董庆吉、魏道芳
6	环渤海地区重点地段环境地质调查及脆弱性评价报告	中国地质调查局	2014 年	地质调查成果奖二等奖	肖国强、王 宏、赵长荣、李建芬、王欣宝、王兰化、宋庆春、姚春梅、张 涛、宋献方
7	石棉矿幅 1∶25 万区域地质调查（修测）成果报告	中国地质调查局	2014 年	地质调查成果奖二等奖	刘永顺、辛后田、周世军、滕学建、杨俊泉、陈安蜀、陈 博
8	滦河三角洲地下水污染调查评价	中国地质调查局	2014 年	地质调查成果奖二等奖	马 震、施佩歆、陈 彭、庞忠和、王文科、袁利娟、田 华、张志强、田西昭、杜 东

续附录 2

序号	获奖成果	授奖部门	授奖时间	获奖等级	获奖人
9	华北平原地下水污染调查评价及关键技术研究	中国地质调查局	2015年	地质调查成果奖一等奖	张兆吉、费宇红、雒国忠、杨丽芝、张连胜、林　健、王兰化、马　震、钱　永、李亚松、齐继祥、王苏明、张礼中、张翼龙、王　昭
10	中国海岸带环境地质图（1∶400万）	中国地质调查局	2015年	地质调查成果奖二等奖	**孙晓明**、张开军、**杨齐青**、**杜　东**、**方　成**、康　慧、张金起、钟新宝、**刘宏伟**、施佩歆
11	华北平原地下水污染调查评价及关键技术研究	国土资源部	2015年	科学技术奖一等奖	张兆吉、费宇红、雒国忠、杨丽芝、张连胜、林　健、王兰化、马　震、钱　永、李亚松、齐继祥、王苏明、张礼中、张翼龙、王　昭
12	天津滨海新区超深分层标建设关键技术	国土资源部	2015年	科学技术奖二等奖	王家兵、**李　红**、白晋斌、**杨吉龙**、王福江、齐　波、齐　恭、纪真平、董秋生、吕潇文
13	全国矿产资源潜力评价重力资料应用与集成	中国地质调查局	2016年	地质科技奖一等奖	张明华、乔计花、**赵更新**、刘宽厚、孙中任、曾春芳、袁　平、兰学毅、雷受旻、董　杰、李　富、苏美霞、张省举、朱国器、朱西敏
14	矿产资源潜力评价数据模型研制、开发、应用与数据集成建设	中国地理信息产业协会	2015年	科技进步奖二等奖	左群超、汪新庆、文　辉、王成锡、邓　勇、张　源、李　林、胡海风、杨东来、肖志坚、**陈安蜀**
15	矿产资源潜力评价数据模型方法技术体系	中国地质调查局	2016年	地质科技奖一等奖	左群超、杨东来、文　辉、汪新庆、王成锡、宋　越、周顺平、邓　勇、李文胜、李　林、胡海风、肖志坚、**陈安蜀**、何翠云

续附录 2

序号	获奖成果	授奖部门	授奖时间	获奖等级	获奖人
16	潍坊市滨海区区域地壳稳定性调查评价	山东省国土资源厅	2015年	科学技术奖一等奖	张 卓、徐 华、刘树亮、**田立柱**、刘海峰、纪纹龙、吕 伟、刘小君、李东伟、**苏永军**、李金明、王东滨
17	1∶500万国际亚洲地质图	国土资源部	2016年	科学技术奖一等奖	任纪舜、牛宝贵、王 军、金小赤、和政军、邱 燕、姜 兰、夏林圻、高林志、杨崇辉、王 涛、周国庆、**李怀坤**、毛建仁、赵 磊
18	天空地一体化能源资源立体勘查技术、平台研发与应用	国土资源部	2016年	科学技术奖一等奖	**汪大明**、李志忠、何凯涛、肖晨超、刘 佳、刘银年、赵慧洁、党福星、高振记、刘德长、王文磊、王香增、付金华、隋正伟、温 静
19	全国矿产资源预测重力应用与集成	中国地球物理学会	2016年	科学技术进步奖二等奖	张明华、乔计花、**赵更新**、刘宽厚、孙中任、曾春芳、袁 平、雷受旻、董 杰、兰学毅
20	地球上最早大型多细胞生物化石额发现	中国地质学会	2017年	十大地质科技进展	**朱士兴**、朱茂炎、Andrew H Knoll、孙淑芳、赵方臣、屈原皋、石 敏、**刘 欢**、**黄学光**、**孙立新**、冯庆来、**贺玉贞**
21	矿产资源潜力评价数据模型方法技术体系建设与应用	国土资源部	2017年	科学技术奖二等奖	左群超、杨东来、汪新庆、文 辉、王成锡、李 林、张建龙、康 庄、**陈安蜀**、李文胜
22	全球巨型成矿带覆盖区高(多)光谱遥感示矿信息提取技术及应用	国土资源部	2017年	科学技术奖二等奖	陈圣波、杨日红、李志忠、**汪大明**、周 萍、郭 科、李光辉、贺金鑫、冷 亮、路 鹏

续附录2

序号	获奖成果	授奖部门	授奖时间	获奖等级	获奖人
23	京津冀综合地质调查成果与应用	中国地质调查局	2018年	地质科技奖一等奖	**马　震**、**郝爱兵**、**孙晓明**、**林良俊**、胡秋韵、**谢海澜**、郭海朋、费宇红、谭成轩、佟元清、**张素荣**、王贵玲、孟　晖、**苗培森**、孟庆华
24	中南部非洲重要成矿区带划分、资源潜力分析评价及相关图件编制	中国地质调查局	2018年	地质科技奖二等奖	**刘晓阳**、**王　杰**、余金杰、修群业、王丽瑛、刘禹宏、**贺福清**、**任军平**、龚鹏辉、何胜飞
25	多要素多技术城市地质调查有力支撑雄安新区总体规划编制	中国地质调查局中国地质科学院	2018年	地质科技十大进展	郝爱兵、吴爱民、**马　震**、**林良俊**、石菊松、胡秋韵、张二勇、刘志刚、**夏雨波**、**郭　旭**、成杭新、李海涛、王贵玲、马学军、王润涛
26	多要素多技术城市地质调查有力支撑雄安新区总体规划编制	中国地质学会	2018年	十大地质科技进展	郝爱兵、吴爱民、**马　震**、**林良俊**、成杭新、李海涛、郭海朋、王贵玲、刘志刚、徐建芳、胡秋韵、葛伟亚、李亚民、马学军、**夏雨波**
27	全国矿产资源潜力预测重力应用与集成	自然资源部	2018年	科学技术奖一等奖	张明华、黄金明、乔计花、**赵更新**、刘宽厚、孙中任、曾春芳、李　富、赵牧华、兰学毅、余海龙、黎海龙、谢顺胜、陈　明、姚　炼
28	海岸带地质环境评价与监测关键技术及应用	自然资源部	2018年	科学技术奖二等奖	徐素宁、王志一、黎　兵、刘宝林、张　霞、张永战、**杜　东**、薛　峭、胡　克、王　颖
29	塔里木板块前寒武纪重大地质事件	自然资源部	2018年	科学技术奖二等奖	徐　备、龙晓平、张传林、袁　超、**陆松年**、**李怀坤**、叶海敏

续附录 2

序号	获奖成果	授奖部门	授奖时间	获奖等级	获奖人
30	鄂尔多斯盆地煤油田勘查钻孔大数据运用与铀矿找矿突破	中国地质调查局	2019年	地质科技奖一等奖	金若时、苗培森、司马献章、俞礽安、李建国、李秀华、彭胜龙、孙立新、汤　超、冯晓曦、李海峰、曹惠锋、张天福、刘晓雪、杨　君
31	河北曹妃甸滨海地区海岸带环境地质调查评价	中国地质调查局	2019年	地质科技奖一等奖	孙晓明、柳富田、肖桂珍、魏风华、方　成、杜　东、胥勤勉、王小丹、谢海澜、费书民
32	中蒙边界地区1:100万系列地质图件编制与找矿突破	中国地质调查局	2019年	地质科技奖二等奖	李俊建、唐文龙、付　超、陈安蜀、陈　正、李德亮、党智财、张　锋、任军平、赵泽霖
33	清河沟幅(1:5万)	中国地质调查局	2018年	优秀图幅	牛文超、段连峰、赵泽霖、张国震、张　永、任邦方、张　超、李奎芳
34	居力格台幅(1:5万)	中国地质调查局	2018年	优秀图幅	滕学建、刘　洋、腾　飞、何　鹏、郭　硕、田　健、王文龙、肖　鹏、孙宏伟、孙大鹏
35	东六马坊幅(1:5万)	中国地质调查局	2018年	优秀图幅	张家辉、田　辉、任云伟、张庆礼、赵锡霖、邢立强、沈金胜、翟东莉
36	中蒙边界地区成矿规律对比研究与找矿突破	天津市	2019年	科学技术进步奖二等奖	李俊建、唐文龙、付　超、陈　正、陈安蜀、李德亮、党智财、张　锋
37	鄂尔多斯盆地及周边煤油勘查钻孔铀矿大数据开发与找矿突破	自然资源部	2020年	科学技术奖二等奖	金若时、苗培森、司马献章、俞礽安、李建国、李秀花、彭胜龙、孙立新、汤　超、冯晓曦

续附录 2

序号	获奖成果	授奖部门	授奖时间	获奖等级	获奖人
38	中蒙跨境成矿带成矿规律与找矿突破	自然资源部	2020年	科学技术奖二等奖	李俊建、唐文龙、付　超、党智财、陈　正、陈安蜀、石传军、张　锋、任军平、赵泽霖
39	河北曹妃甸滨海地区海岸带环境地质调查评价	自然资源部	2020年	科学技术奖二等奖	柳富田、肖桂珍、魏风华、孙晓明、方　成、杜　东、胥勤勉、王小丹、谢海澜、费书民
40	国土资源环境承载力评价理论、方法与应用	自然资源部	2020年	科学技术奖二等奖	贾克敬、祁　帆、林良俊、徐小黎、白晓飞、张　辉、田志强、朱凤武、马　震、张　嘉
41	二连盆陆海地区砂岩型铀矿调查实现重大突破	中国地质调查局 中国地质科学院	2020年	地质调查十大进展	司马献章、俞劲安、汤　超、韩效忠、蒋　喆、王　健、刘晓雪、冯晓曦、李效广、李建国、王善博、张　超、周小希
42	七种自然界新矿物获国际认证	中国地质调查局 中国地质科学院	2020年	地质科技十大进展	熊发挥、曲　凯、任光明、简　伟、杨经绥、毛景文、司马献章、李国武、徐向珍、范　光、沈敢富
43	内蒙古索伦山-东乌旗地区航空综合站测量异常查证与找矿突破	中国地质调查局	2020年	地质科技奖二等奖	李俊建、赵更新、金若时、王　杰、冉书明、刘晓阳、陈军强、辛后田、谭　强、张国利
44	渤海湾海岸带环境地质调查评价关键技术及应用	天津市	2020年	科学技术进步奖二等奖	王　福、胡云壮、商志文、杨吉龙、赵瑞斌、李建芬、田立柱、陈永胜
45	潍坊市滨海区区域地壳稳定性调查评价大地电磁测深和直流电测深项目	山东省地球物理学会	2019年	科学技术奖一等奖	张健桥、侯智源、赵德庆、苏永军、刘继红、尹维民、耿千顷、徐　佳、董美美

续附录 2

序号	获奖成果	授奖部门	授奖时间	获奖等级	获奖人
46	鄂尔多斯盆地塔然高勒—泾川等地区砂岩铀矿找矿突破	自然资源部	2021年	科学技术奖一等奖	金若时、苗培森、司马献章、俞礽安、李建国、彭胜龙、李秀花、孙立新、汤 超、冯晓曦、李海峰、胡永兴、曹惠锋、张天福、杨 君
47	境外矿产资源基地调查与供应链安全评价	自然资源部	2021年	科学技术奖一等奖	陈其慎、崔荣国、任军平、周永恒、吴尚昆、李宪海、张艳飞、王 琨、向 杰、郑国栋、龙 涛、邢佳韵、鲍庆中、侯华丽
48	内蒙古索伦山—东乌旗地区航空综合站测量异常查证与找矿突破	自然资源部	2021年	科学技术奖二等奖	李俊建、赵更新、王 杰、冉书明、刘晓阳、陈军强、辛后田、谭 强、张国利、唐文龙
49	地质调查标准化与关键技术标准研究	自然资源部	2021年	科学技术奖二等奖	杜子图、袁桂琴、王家松、姚 震、贺战鹏、蒋忠诚、孟 辉、牟泽霖、钟 昶、罗晓玲
50	海岸带地质调查全要素一体化监测预警服务平台	中国地理信息产业协会	2020年	科技进步奖二等奖	李 磊、胡云壮、龚 杰、孙晓明、刘 培、陈安蜀、黄 垒、王 福、于俊杰、王宁涛、谢道奇、房珊珊
51	首次实现全国地下水位统一监测和年度资源评价	中国地质调查局 中国地质科学院	2021年	地质调查十大进展	李文鹏、吴爱民、郑跃军、郭海朋、袁富强、杨会峰、王晓光、龚建师、韩双宝、黄长生、尹立河、夏日元、李海学、曹文庚、刘 强、王赫生、王节涛、曹建文、李 瑛、邓国仕、柳富田、魏良帅

续附录 2

序号	获奖成果	授奖部门	授奖时间	获奖等级	获奖人
52	攻关完成重大工程地质安全风险评价	中国地质调查局 中国地质科学院	2021年	地质调查十大进展	殷跃平、邢丽霞、邢树文、曹 黎、李海兵、郭长宝、王保弟、石胜伟、李向全、毛晓长、**林良俊**、韦延光、马寅生、张永双、陈群策、童立强、铁永波、李 滨、刘 峰、方 慧、倪化勇、邱士东、王冬兵、公王斌、杨志华
53	境外地质调查服务中资企业开展国际矿业投资合作取得积极成效	中国地质调查局 中国地质科学院	2021年	地质调查十大进展	施俊法、朱立新、李建星、夏 鹏、刘凤山、王高尚、阴秀琦、陈其慎、**任军平**、马中平、王天刚、刘书生、胡 鹏、周永恒、张伟波、张 炜、朱 清、姚文生、孔 牧、马生明、席明杰、郭维民、姚春彦、聂兰仕、高艳芳、王成文、**左立波**、王丽君
54	地质调查支撑服务脱贫攻坚任务高质量完成	中国地质调查局 中国地质科学院	2021年	地质调查十大进展	吴登定、邢丽霞、徐学义、张开军、陈国光、邵长生、方 捷、王新峰、戴慧敏、郑雄伟、齐 信、董 颖、赵虹燕、滕家欣、成杭新、于晓飞、曹佳文、连 健、罗为群、赵恒勤、**刘宏伟**、宋 磊、谭科艳、魏良帅、曾小波、王春连
55	中国东部克拉通古陆核形成与大陆演化研究取得重大进展	中国地质调查局 中国地质科学院	2021年	地质科技十大进展	邓 新、魏运许、崔晓庄、赵希林、**王惠初**、刘平华、邱啸飞、任光明、**张家辉**、**相振群**、徐 扬、朱清波、**刘 欢**、孙志明、**康健丽**、田忠华

续附录 2

序号	获奖成果	授奖部门	授奖时间	获奖等级	获奖人
56	地球科学大数据共享服务平台——"地质云"建设取得重要进展	中国地质调查局 中国地质科学院	2021年	地质调查十大进展	高振记、缪谨励、李丰丹、屈红刚、冯斌、周峰、刘宏、喻孟良、周伟、**李磊**等
57	华北地质综合研究与编图应用	天津市地质学会	2021年	科学技术奖一等奖	**任邦方、彭丽娜、胡晓佳、谷永昌、刘永顺、王树庆、王惠初、辛后田、孙立新、李承东、陈安蜀、赵华雷、杨泽黎**
58	内蒙古东乌旗地区地质矿产调查与找矿进展	天津市地质学会	2021年	科学技术奖三等奖	**滕学建、程银行、辛后田、杨俊泉、李艳锋、李影、张永、刘洋、李敏、张天福、彭丽娜、段连峰、牛文超、胡晓佳**
59	基本建立地质调查支撑服务新时代经济社会发展和生态文明建设工作体系并完成山水林田湖草年度调查评价	中国地质调查局 中国地质科学院	2022年	地质调查十大进展	李文鹏、石建省、熊盛青、杨清华、任金卫、沈运华、郑跃军、聂洪峰、范景辉、李迁、殷志强、刘晓煌、李亚松、肖春蕾、杨金中、安志宏、杜晓敏、王文、陶明琦、冯艳芳、**王家松**、杜子图、张福良
60	首次完成并发布全球锂钴镍锡钾盐矿产资源储量评估报告和中国矿业50指数研究报告	中国地质调查局 中国地质科学院	2022年	地质调查十大进展	王高尚、阴秀琦、邹谢华、李建武、陈其慎、朱清、张伟波、张炜、江思宏、**任军平**、胡鹏、刘书生、马中平、王天刚、周永恒

续附录 2

序号	获奖成果	授奖部门	授奖时间	获奖等级	获奖人
61	地球科学大数据共享服务平台——"地质云3.0"上线服务	中国地质调查局 中国地质科学院	2022年	地质调查十大进展	高振记、缪谨励、李丰丹、屈红刚、冯斌、刘荣梅、王成锡、张怀东、杨博、刘宏、**李磊**
62	岩心多参数数字化技术设备研发成功	中国地质调查局 中国地质科学院	2022年	地质科技十大进展	修连存、高鹏鑫、高延光、**李建国**、郑志忠、史维鑫、殷靓、米胜信、杨彬、张弘、陈春霞、回广骥、高扬、俞正奎、**张博**
63	二龙包幅(1:5万)	中国地质调查局	2022年	优秀图幅	田健、张国震、**段霄龙**、王树庆、滕学建
64	黄各庄幅(1:5万)	中国地质调查局	2022年	优秀图幅	**胥勤勉**、**袁桂邦**、范友良、高峰、刘文达
65	凉城县幅(1:5万)	中国地质调查局	2022年	优秀图幅	**任云伟**、施建荣、李杰、连光辉、杨济远
66	境外矿产资源综合评价理论技术与重大应用	中国冶金矿山企业协会	2022年	冶金矿山科学技术奖特等奖	陈其慎、周永恒、代碧波、**任军平**、延建林、鞠建华、谢曼、崔荣国、王琨、龙涛、邢佳韵、郑国栋、张艳飞、肖丽俊、郑文江、**王杰**、吴涛涛、任鑫、崔博京、王良晨
67	覆盖区重要矿产资源卫星遥感勘查关键技术及系统集成	吉林省	2022年	科学技术进步奖一等奖	陈圣波、李健、李志忠、洪增林、**汪大明**、陈钧、贺金鑫、刘拓、郭赟、李慧盈、喻海榕、付垒、刘贵平、路鹏、韩海辉

附　录

附录3　承担地质调查项目情况

年度	项目名称	项目周期	经费/万元
2013	内蒙古1∶5万奥尤特(L50E015009)、东方红公社(L50E015010)、才伦郭少(L50E015011)、巴彦都兰(L50E016010)、东乌旗农场(L50E016011)、石灰窑幅(L50E016012)区域地质矿产调查	2012—2014	720
2013	内蒙古1∶5万查干呼舒庙(K48E016019)、楚鲁庙(K48E016020)、潮格(K48E016021)、哈尔木格台(K48E017017)、那仁宝力格公社(K48E017018)、居力格台(K48E017019)幅区域地质矿产调查	2013—2015	1010
2013	华北地区古生代、中生代构造岩浆热事件性质及资源效应综合研究	2011—2013	200
2013	华北地区北部古生代、中生代时段关键地层划分对比和构造属性研究	2011—2013	90
2013	兴蒙造山带中段古生代花岗岩带组成、性质、时代和成矿作用研究	2010—2013	90
2013	大兴安岭成矿带(南段)地质矿产调查评价成果集成	2013—2015	650
2013	晋冀成矿带地质矿产调查评价成果集成	2013—2015	500
2013	华北基础地质调查成果集成与综合研究	2011—2015	200
2013	华北克拉通对哥伦比亚超大陆事件的响应及大地构造格架	2011—2013	180
2013	华北克拉通与南部非洲卡拉哈里克拉通前寒武纪构造演化及成矿作用对比	2011—2013	100
2013	豫西成矿带地质矿产调查评价成果集成	2013—2015	400
2013	华北地区矿产资源潜力评价与综合	2006—2013	120
2013	华北地区古生代变质作用和动力学	2011—2013	90
2013	内蒙古阿巴嘎旗乌和尔楚鲁图一带矿产远景调查	2011—2013	330
2013	内蒙古达茂旗善丹一带铜多金属矿远景调查	2011—2013	330
2013	华北地区铀矿勘查选区研究	2011—2013	380
2013	晋冀成矿区及整装勘查区地质矿产调查选区及综合研究	2011—2013	190
2013	豫西成矿带及整装勘查区地质矿产调查选区与综合研究	2011—2013	190
2013	内蒙古锡林浩特地区1∶5万航磁异常查证	2013—2015	400
2013	阴山地区成矿规律与找矿方向研究	2013—2015	100
2013	内蒙古东乌旗整装勘查区及外围成矿规律与勘查选区研究	2013—2015	190
2013	华北陆块区金刚石找矿工作部署研究	2013—2015	190
2013	武当—桐柏—大别地区(河南段)成矿规律及选区研究	2013—2015	100
2013	鄂尔多斯盆地砂岩型铀矿整装勘查区综合研究及内蒙古东胜柴登南—布尔台地区铀矿资源远景调查	2013—2015	1000

续附录 3

年度	项目名称	项目周期	经费/万元
2013	区域地球物理调查成果集成与方法技术研究	2010—2015	100
2013	区域化探方法技术研究与成果集成	2010—2015	90
2013	蓟县—沧州地区1:25万区域重力调查	2012—2014	140
2013	南蒙古-东乌旗成矿构造格架及典型草原区遥感地质调查方法研究	2012—2014	180
2013	内蒙古巴彦乌拉山西南段苏海图地区1:5万航磁异常查证	2012—2014	240
2013	舞阳-单县铁矿整装勘查区成矿规律与找矿技术方法研究	2013—2015	340
2013	河北遵化-滦南铁矿整装勘查区1:5万重力调查	2013—2015	1130
2013	非洲中南部重要矿床地质背景、成矿作用和找矿潜力研究	2012—2015	390
2013	中蒙边界地区重要成矿带成矿规律对比研究	2011—2013	100
2013	唐山—秦皇岛城市地质调查	2011—2014	800
2013	河北曹妃甸滨海地区海岸带环境地质调查评价	2008—2015	800
2013	河北渤海新区地质环境调查评价	2011—2015	700
2013	环渤海经济区地质环境调查评价综合研究	2011—2015	300
2013	河北省1:5万南堡新生盐场(J50E005017)、唐海县(J50E005018)、柏各庄(J50E005019)、马头营(J50E005020)、田庄(J50E005021)、北堡(J50E006017)、南堡(J50E006018)、大青河盐场六工段(J50E006019)、捞鱼尖(J50E006020)幅区调	2010—2013	200
2013	莱州湾地质环境调查评价	2013—2015	2140
2013	天津滨海新区地质环境调查评价	2011—2013	400
2013	天津滨海新区海平面变化影响研究	2011—2013	420
2013	新近系以来沉降海岸与西部湖盆环境深钻对比研究	2011—2013	220
2013	天津市基岩地质构造调查与区域稳定性评价	2012—2015	900
2013	山东1:5万小青河口(J50E017021)、横里路(J50E017020)、固堤(J50E019021)、潍坊市(J50E020021)幅区调	2012—2014	420
2013	中国气候变化海岸带沉积记录研究	2013—2015	290
2013	区域地质图数据库建设	2011—2015	987
2013	地质调查数据集成与服务系统建设	2011—2015	393
2013	地质资料信息公共服务产品开发	2013—2014	160
2013	华北地区地质调查项目组织实施费	2013—2015	2000
2013	整装勘查跟踪综合与动态评估	2012—2015	370

续附录3

年度	项目名称	项目周期	经费/万元
2013	大区地质矿产调查评价进展跟踪与工作部署研究	2011—2014	310
2013	地质矿产实验测试标准物质研制——制定镍矿石-X荧光分析标准方法	2013—2014	40
2013	内蒙古东乌旗铅锌矿现代配套分析技术及样品粒度影响研究	2013—2014	200
2013	地质矿产领域标准体系建设——通用和区域地质标准子体系研究与建立	2013—2014	40
2013	地质矿产勘查标准的研制与修订——制定矿产资源潜力评价规范(第一~第二部分)	2013—2014	80
2014	河北1:5万黄各庄(J50E004017)、大新庄(J50E004018)、胡各庄(J50E004019)幅区域地质调查	2014—2015	430
2014	天津滨海新区围海造陆区环境地质调查评价	2014—2015	970
2014	内蒙古1:5万哈珠(K47E011011)、哈珠东山(K47E011012)、哈珠南山(K47E012011)、砾石滩(K47E012012)幅区域地质矿产调查	2014—2015	610
2014	华北基础地质综合调查与片区总结	2014—2015	300
2014	华北重大岩浆事件及其成矿作用和构造背景综合研究	2014—2015	180
2014	华北克拉通变质基底大地构造分区及其对成矿作用的制约	2014—2015	180
2014	华北克拉通西缘"阿拉善地块"的物质组成及构造归属研究	2014—2015	160
2014	内蒙古1:5万勃洛浑迪幅、贺斯格乌拉牧场幅等区域地质综合调查	2014—2015	320
2014	中蒙古生代重大地质事件与成矿作用对比研究	2014—2014	100
2014	晋冀成矿区资源远景调查评价	2014—2014	150
2014	豫西成矿区资源远景调查评价	2014—2014	170
2014	华北地区铀矿地质调查与选区	2014—2015	1070
2014	内蒙古阴山地区资源远景调查评价	2014—2015	240
2014	内蒙古东乌旗地区铅锌多金属矿资源潜力调查	2014—2015	280
2014	华北陆块区金刚石找矿选区评价	2014—2014	100
2014	内蒙古东胜柴登南-布尔台地区铀矿地质调查	2014—2015	1000
2014	华北地区页岩气(油气)基础地质调查与潜力评价	2014—2014	400
2014	内蒙古达茂旗哈布齐尔——胡吉尔特地区矿产地质调查	2014—2015	500
2014	地质矿产领域标准体系建设——地质调查标准化成果集成与服务研究	2014—2015	200
2014	锆石、磷灰石微区原位U-Pb同位素测试方法研究	2014—2014	70

续附录 3

年度	项目名称	项目周期	经费/万元
2014	山东 1∶5 万海沧幅（J50E018023）、昌邑幅（J50E019022）、候镇幅（J50E019020）、小清河口幅(J50E017021)环境地质调查	2014—2014	300
2015	鄂尔多斯盆地东北部煤铀对区域生态环境影响调查评价	2015—2015	300
2015	华北地区典型煤层含铀性及其开发对生态环境影响调查评价	2015—2015	100
2015	京津唐重点规划建设区域地质环境综合调查	2015—2015	2150
2015	鄂尔多斯盆地北缘含铀岩系三维地质编图	2015—2015	500
2015	中国及邻区构造框架建立中几个关键问题调查	2015—2015	75
2015	东南非低密度地球化学填图	2015—2015	250
2015	中-坦合作坦桑尼亚姆贝亚省恩通巴地区 1∶25 万区域地球化学调查示范	2015—2015	430
2015	洛阳-济源地区油气基础地质调查	2015—2015	400
2015	河南夏馆-板坪地区放射性和三稀元素矿产远景调查	2015—2015	350
2015	北方重要盆地砂岩型铀矿地质调查钻孔数据综合集成平台建设	2015—2015	150
2015	鄂尔多斯盆地铀矿调查关键方法研究	2015—2015	300
2015	锆石铀铅微区原位测年标准物质和标准方法研制(标物4种,方法1个)	2015—2015	40
2015	华北地区地质矿产调查评价进展跟踪与工作部署研究	2015—2015	100
2015	地质调查阶段性成果跟踪与转化	2015—2015	80
2016	阴山成矿带小狐狸山和雅布赖地区地质矿产调查	2016—2018	4660
2016	二连-东乌旗成矿带西乌旗和白乃庙地区地质矿产调查	2016—2018	5945
2016	燕山-太行成矿带丰宁和天镇地区地质矿产调查	2016—2018	5095
2016	中条-熊耳山成矿区地质矿产调查	2016—2018	2116
2016	胶东成矿区栖霞—牟平地区地质矿产调查	2016—2018	1982
2016	地质调查标准制修订与升级推广（天津地调中心）	2016—2018	1173
2016	海上丝绸之路非洲中东部7国矿产资源潜力评价	2016—2018	2152
2016	中蒙跨境成矿带矿产资源潜力评价	2016—2018	638
2016	煤田勘查区砂岩型铀矿调查与勘查示范	2016—2018	13960
2016	油气田勘查区砂岩型铀矿调查与勘查示范	2016—2018	22015
2016	硬岩型铀钍等矿产资源远景调查与勘查示范	2016—2018	6080
2016	华北地区煤铀资源开发放射性地质环境调查	2016—2018	976

续附录3

年度	项目名称	项目周期	经费/万元
2016	非首都功能疏解区1:5万环境地质调查(天津地调中心)	2016—2018	9315
2016	京津唐张交通廊道规划建设区1:5万环境地质调查(天津地调中心)	2016—2018	3738
2016	环京津成片蔬菜种植基地土地质量地球化学调查	2016—2018	1022
2016	京津冀鲁耕地地区土地质量地球化学调查	2016—2018	2515
2016	全国地质调查项目组织实施费(中国地质调查局天津地质调查中心)	2016—2018	1115
2017	国家地质数据库建设与整合(中国地质调查局天津地质调查中心)	2017—2018	430
2017	全国地质构造区划与区域地质调查综合集成(中国地质调查局天津地质调查中心)	2017—2018	455
2018	雄安新区水土质量与工程地质调查评价(中国地质调查局天津地质调查中心)	2018—2020	8404
2018	津冀沿海资源环境承载能力调查	2018—2020	4213
2018	北方石炭—二叠纪关键地质问题专题调查(中国地质调查局天津地质调查中心)	2018—2019	419
2019	河北怀安—内蒙凉城地区区域地质调查	2019—2021	2169
2019	内蒙古温都尔庙-镶黄旗地区区域地质调查	2019—2021	1728
2019	全国地质遗迹立典调查与评价(中国地质调查局天津地质调查中心)	2019—2021	545
2019	鄂尔多斯、柴达木等盆地砂岩型铀矿调查	2019—2021	5356
2019	二连—松辽盆地砂岩型铀矿调查	2019—2021	6824
2019	胶东成矿带栖霞-乳山地区金矿地质调查	2019—2021	1060
2019	京唐秦发展轴主要城镇综合地质调查	2019—2020	1240
2019	滦河流域水文地质调查	2019—2021	3370
2019	中国大地构造演化和国际亚洲大地构造图编制(中国地质调查局天津地质调查中心)	2019—2020	185
2019	全国陆域及海区地质图件更新与共享(中国地质调查局天津地质调查中心)	2019—2020	155
2019	国家地质大数据汇聚与管理(中国地质调查局天津地质调查中心)	2019—2021	838
2019	非洲中东部大型铜 钴资源基地评价	2019—2021	1337
2019	地质调查标准化与标准制修订(2019—2021)(中国地质调查局天津地质调查中心)	2019—2021	2075
2019	天山—华北陆块铀钍等矿产资源调查	2019—2020	394

续附录 3

年度	项目名称	项目周期	经费/万元
2019	河北张家口地区综合地质调查	2019—2020	2450
2019	京西冀北煤矿区综合地质调查与评价	2019—2021	1795
2019	纳米比亚—博茨瓦纳铀矿资源调查	2019	624
2020	莫桑比克—坦桑尼亚钽锆钛资源调查	2020—2021	500
2020	内蒙古阿拉善—河套地区区域地质调查	2020—2021	580
2021	渤海湾盆地地质结构与深层油气综合调查	2021—2023	800
2021	华北地区自然资源综合调查	2021—2023	200
2021	华北地区自然资源动态监测与风险评估	2021—2023	500
2021	雄安新区资源环境动态调查监测	2021—2023	1380
2021	黄渤海海岸带重点生态保护修复区综合地质调查	2021—2023	990
2022	华北地区区域基础地质调查	2022—2023	900
2022	渤海湾盆地氦气资源调查评价	2022—2025	721
2022	北方主要盆地铀等能源资源调查与潜力评价	2022—2024	1440
2022	华北地区铜铁稀有金属矿产地质调查	2022—2025	1000.35
2022	京津冀协同发展区暨雄安新区资源环境承载能力监测评价	2022—2025	1200
2022	内蒙古内陆河及海河北系水文地质与水资源调查监测	2022—2025	550
2022	南部非洲国际合作地质调查	2022—2024	580
2022	全国地质调查项目组织实施费(中国地质调查局天津地质调查中心)	2022—2025	300

附录 4　获批科研项目

序号	项目来源	项目类型	名称	项目负责人	研究时限	批准经费/万元
1	国家自然科学基金	青年科学基金项目	海岸带地区 ^{210}Pb、^{137}Cs、$^{239+240}$Pu 参考剖面研究	王福	2013—2015	29
2	国家自然科学基金	面上项目	华北燕山中元古代早期高于庄组古生物群研究	朱士兴	2013—2018	87
3	国家自然科学基金	面上项目	赤峰地区石炭—二叠纪火山岩成因及构造意义	李承东	2013—2016	86
4	国家自然科学基金	青年科学基金项目	华北燕山地区前寒武纪长龙山组和景儿峪组古生物群及其地层学意义	刘欢	2014—2016	22
5	国家自然科学基金	面上项目	渤海湾全新世海面标志点研究与变化历史重建	李建芬	2014—2017	70
6	国家自然科学基金	面上项目	白云鄂博铌铁稀土矿床的铌铁矿U-Pb同位素年代学研究	周红英	2014—2017	83
7	国家973计划	项目	中国北方巨型砂岩铀成矿带陆相盆地沉积环境与大规模成矿作用	金若时	2015—2019	2968
8	国家自然科学基金	青年科学基金项目	金属矿床中磁铁矿和黄铁矿的逐步淋滤Pb-Pb同位素等时线直接定年	耿建珍	2015—2017	25
9	国家自然科学基金	面上项目	渤海湾沿海低地第Ⅱ海侵层年龄：MIS3或MIS5？	王福	2015—2018	77
10	科技基础性工作专项	专题	中国中元古界系级年代地层界线标准剖面研究	相振群	2015—2019	50
11	国家自然科学基金	青年科学基金项目	国内首次发现的硅稀土石、氟镧矿矿物学特征及成因研究	曲凯	2016—2018	18
12	国家自然科学基金	青年科学基金项目	内蒙古赵井沟过铝质花岗岩浆演化与铌钽等元素富集机制	李志丹	2016—2018	19
13	国家自然科学基金	青年科学基金项目	云蒙山变质核杂岩周边同构造岩脉的变形特征及年代学分析	陈印	2016—2018	23

续附录 4

序号	项目来源	项目类型	名称	项目负责人	研究时限	批准经费/万元
14	国家自然科学基金	青年科学基金项目	氧化物型含铀矿物在 LA-ICPMS U-Pb 同位素定年中的基体效应差异及校正	崔玉荣	2016—2018	21
15	国家自然科学基金	面上项目	冀北赤城地区高级变质岩的变质演化研究及构造意义	初航	2016—2019	60
16	国家自然科学基金	面上项目	兴蒙造山带中—新元古代岩浆事件及其大地构造意义	孙立新	2016—2019	62
17	国家自然科学基金	青年科学基金项目	阿拉善地块东缘叠布斯格地区高压基性麻粒岩的变质作用 P-T-t 轨迹研究	施建荣	2017—2019	20
18	国家自然科学基金	青年科学基金项目	冀东卢龙地区首次发现的含 3.8Ga 地质记录的铬云母石英岩中古老物质的研究	肖志斌	2017—2019	22
19	国家自然科学基金	青年科学基金项目	滦河扇三角洲第四纪沉积环境演化中的新构造运动表现	胡云壮	2017—2019	20
20	国家重点研发计划	课题	胶东矿集区三维结构与定位预测	李俊建	2016—2021	1328
21	国家重点研发计划	专题	砂岩型铀矿重要元素标准检测方法制定	张莉娟	2016—2019	34
22	国家重点研发计划	专题	海泡石、珍珠岩标准物质研制	徐铁民	2016—2020	10
23	国家重点研发计划	项目	北方砂岩型铀能源矿产基地深部探测技术示范	苗培森	2018—2021	2853
24	国家重点研发计划	课题	北方含铀盆地深部铀富集规律与成矿预测	李建国	2018—2021	828
25	国家重点研发计划	专题	胶东招平带北段金矿深部预测与勘查示范	付超	2018—2021	280
26	国家自然科学基金	青年科学基金项目	胶北地区~2.7Ga BIF 的形成环境与形成机制	康健丽	2019—2021	24

续附录 4

序号	项目来源	项目类型	名称	项目负责人	研究时限	批准经费/万元
27	国家自然科学基金	青年科学基金项目	锐钛矿 U-Pb 同位素定年方法及其在桂西那豆铝土矿矿床中的应用	张永清	2019—2021	24
28	国家自然科学基金	青年科学基金项目	渤海湾西北岸 4ka BP 前后古环境重建	商志文	2019—2021	25
29	国家自然科学基金	面上项目	东乌旗石炭—二叠纪岩浆岩的岩石构造组成及时空演化对造山作用的响应	程银行	2019—2022	66
30	国家自然科学基金	面上项目	铌铁矿微区原位 U-Pb 同位素定年标准物质的研制	周红英	2019—2022	64
31	国际地球科学计划（IGCP675）	项目	Supergene Fluid Ore-forming Process of Sandstone-type Uranium Deposits	金若时	2019—2023	5.3
32	国家自然科学基金	青年科学基金项目	江西东北部灵山地区稀有金属成矿研究	诸泽颖	2020—2022	25
33	国家自然科学基金	青年科学基金项目	天镇地区与孔兹岩系共生的"MORB"型高压基性麻粒岩成因研究	张家辉	2020—2022	25
34	国家自然科学基金	青年科学基金项目	塔里木陆块西南缘新元古代冰碛岩的年代学与地球化学研究	钟焱	2020—2022	25
35	国家自然科学基金	青年科学基金项目	内蒙古维拉斯托锂锡多金属矿床稀有金属的富集机制研究：来自（锂）云母等矿物微观结构和组分的约束	张天福	2020—2022	24
36	国家自然科学基金	面上项目	华北平原钻孔物源记录的黄河贯通时间	杨吉龙	2020—2023	66
37	国家自然科学基金	青年科学基金项目	跃进山增生杂岩中变质碎屑岩的锆石 U-Pb 年代学、Hf 同位素组成及其地质意义	毕君辉	2021—2023	24
38	国家自然科学基金	青年科学基金项目	滇西金宝山大型铂钯矿床 PGE 富集过程：富 PGE 矿物原位 Re-Pt-Os 和 S 同位素约束	卢宜冠	2021—2023	24

续附录 4

序号	项目来源	项目类型	名称	项目负责人	研究时限	批准经费/万元
39	国家自然科学基金	青年科学基金项目	花岗伟晶岩岩浆-热液演化及成岩成矿机制研究：以卢旺达 Gatumba 地区稀有金属花岗伟晶岩为例	吴兴源	2021—2023	24
40	国家自然科学基金	面上项目	高钍低铀矿物高精确度同位素稀释-热电离质谱钍-铅年代学研究	周红英	2021—2024	61
41	国家自然科学基金	青年科学基金项目	基于多种同位素分析的滨海平原区地下水氟富集机理研究	张卓	2022—2024	30
42	国家自然科学基金	青年科学基金项目	高铀矿物飞秒激光剥蚀-同位素稀释热电离质谱 U-Pb 定年研究	涂家润	2022—2024	30
43	国家自然科学基金	青年科学基金项目	萤石微区激光切割取样 Sm-Nd 同位素定年及在豫西萤石矿中的应用研究	刘文刚	2022—2024	30
44	国家自然科学基金	重大研究计划	风成沉积体系砂岩型铀矿成矿作用	金若时	2022—2025	329
45	基础资源调查专项	专题	环渤海海岸线调查与评价	王福	2021—2025	28
46	基础资源调查专项	专题	环渤海滨海湿地水资源相关资料收集及调查	姜兴钰	2021—2025	18
47	国家重点研发计划	专题	非洲地区战略性矿产信息及成矿规律	任军平	2021—2025	67
48	国家自然科学基金	面上项目	基于作物多生育期光谱学效应的土壤微量元素定量反演	汪大明	2023—2026	57
49	国家自然科学基金	面上项目	铀矿物微区原位 U-Pb 同位素定年技术研究及标准物质研制	肖志斌	2023—2026	58
50	国家自然科学基金	青年科学基金项目	晚更新世以来河套盆地东南缘的湖泊沉积环境演变	辛首臻	2023—2025	30
51	国家自然科学基金	联合基金项目	华北克拉通北部古元古代造山带的结构与动力学机制研究	王惠初	2023—2026	249

续附录 4

序号	项目来源	项目类型	名称	项目负责人	研究时限	批准经费/万元
52	国家自然科学基金	联合基金专题	北方农牧交错带生态退化的地质-生态-水文耦合机制与生态承载力阈值识别（天津地调中心）	王威	2023—2026	65
53	国家自然科学基金	重大项目专题	环渤海滨海地球关键带地质结构和岩相古地理研究	王福	2023—2027	55.2
54	国家重点研发计划	项目	锰矿和铝土矿形成过程及找矿模型	张起钻	2022—2026	1765
55	国家重点研发计划	国际合作项目	蒙古晚古生代岩浆活动与铜（金钼银）成矿作用	李俊建	2023—2025	150
56	国家重点研发计划	课题	甚长波红外高光谱成像总体技术	汪大明	2022—2025	220
57	国家重点研发计划	专题	鲁中地区富铁矿成矿机理和成矿模式	付超	2022—2026	78
58	国家重点研发计划	专题	矽卡岩和火山岩型铁矿流体包裹体研究	康健丽	2022—2026	55
59	基础资源调查专项	专题	代表性科钻实物样本库建设（中国地质调查局天津地质调查中心）	陈印	2022—2025	30
60	天津市自然科学基金	面上项目	黄铁矿"指纹"精确刻画石英脉型金矿形成的关键过程	唐文龙	2022—2025	10

附录5 专利和软件著作权

序号	类型	软件名称	发明人	专利权人/著作权人	证书号	专利号/登记号
1	实用新型	一种水净化的油气资源回收装置	司庆红、张萤雪、司庆超	司庆红、张萤雪、司庆超	第8722519号	ZL201820872925.9
2	实用新型	高效的沿海滩涂区物探测量系统	匡海阳、孙晓明、石亚军、刘艳宾、张国利	中国地质调查局天津地质调查中心（华北地质科技创新中心）	第9487809号	ZL201920377479.9
3	实用新型	一种水文地质多层地下水水位观测装置	王威、孟利山、王文旭、柳富田、陈社明	中国地质调查局天津地质调查中心（华北地质科技创新中心）	第10062433号	ZL201921437161.1
4	实用新型	一种水文地质用地下水及地表水定深定量采集器	孟利山、王威、王文旭、柳富田、陈社明	中国地质调查局天津地质调查中心（华北地质科技创新中心）	第10508872号	ZL201921590002.5
5	实用新型	一种高频长效压力式波潮测量仪	田立柱、王福、李勇、孙建设	中国地质调查局天津地质调查中心（华北地质科技创新中心）	第10889972号	ZL201921927479.8
6	实用新型	一种用于拔出电法勘探电极的圆嘴竖置大力钳	苏永军、赵更新、张宗庆、赵玉立、张国利、徐铁民、刘继红、石宗户、胡婷	中国地质调查局天津地质调查中心	第13133411号	ZL202021947778.0

续附录 5

序号	类型	软件名称	发明人	专利权人/著作权人	证书号	专利号/登记号
7	发明专利	一种露天煤矿放射性环境地质综合调查方法	王威、王文旭、孟利山、柳富田、陈社明	中国地质调查局天津地质调查中心	第 4732486 号	ZL202010157778.9
8	发明专利	一种上铀下煤资源叠置区资源开采规划评价技术方法	王威、孟利山、王文旭	中国地质调查局天津地质调查中心（华北地质科技创新中心）	第 5253729 号	ZL201911130471.3
9	实用新型	矿物岩石编录简易比色卡	李建国、张博、黄映聪	中国地质调查局天津地质调查中心	第 10415422 号	ZL201921359395.9
10	实用新型	一种农田灌溉机井用地下水采集装置	韩博、郭旭、刘宏伟、白耀楠、李状、苗晋杰、夏雨波、马震、杜东	中国地质调查局天津地质调查中心	第 17714943 号	ZL202221189100.X
11	实用新型	一种用于拔出电法勘探电极的圆嘴平置大力钳	苏永军、马震、曹占宁、范翠送、夏雨波、孙大鹏、黄忠峰、陈枫、李影	中国地质调查局天津地质调查中心	第 13834744 号	ZL202021960871.5

续附录 5

序号	类型	软件名称	发明人	专利权人/著作权人	证书号	专利号/登记号
12	软件著作权	TJZX-Catalog 天津地质调查中心成果地质调查资料服务系统 V1.0		中国地质调查局天津地质调查中心	软著登字第1320935号	2016SR142318
13	软件著作权	GeoInfoService 天津地质调查中心地质信息服务平台软件 V1.0		中国地质调查局天津地质调查中心	软著登字第1320955号	2016SR142338
14	软件著作权	天津地质调查中心地质资料管理系统[简称:GDMS]V1.0		中国地质调查局天津地质调查中心	软著登字第1320950号	2016SR142333
15	软件著作权	天津地质调查中心地质资料空间数据服务系统[简称:GSDSS]V1.0		中国地质调查局天津地质调查中心	软著登字第1320946号	2016SR142329
16	软件著作权	GeoPlatform 天津地质调查中心地质信息服务节点软件 V1.0		中国地质调查局天津地质调查中心	软著登字第1430868号	2016SR252251
17	软件著作权	铀矿钻孔数据库管理系统 V1.0		中国地质调查局天津地质调查中心	软著登字第2043480号	2017SR458196
18	软件著作权	北方重要盆地铀矿钻孔信息平台 V1.0		中国地质调查局天津地质调查中心	软著登字第2043481号	2017SR458197
19	软件著作权	基于海气耦合模型的风暴潮计算软件[简称:OATC]V1.0		中国地质调查局天津地质调查中心	软著登字第1913149号	2017SR327865

续附录5

序号	类型	软件名称	发明人	专利权人/著作权人	证书号	专利号/登记号
20	软件著作权	环渤海海岸带信息服务系统V1.0		李磊、中国地质调查局天津地质调查中心、北京超维创想信息技术有限公司	软著登字第2282113号	2017SR696829
21	软件著作权	天津地调中心地质数据产品加工处理平台[简称:地质数据产品加工处理平台]V1.0		中国地质调查局天津地质调查中心、李磊、龚杰、刘培、胡周、杜霞	软著登字第3321037号	2018SR991943
22	软件著作权	天津地调中心海岸带环境监测信息系统[简称:海岸带环境监测信息系统]V1.0		中国地质调查局天津地质调查中心、李磊、胡云壮、龚洁、刘培、潘际乾	软著登字第3321055号	2018SR991960
23	软件著作权	天津地调中心海岸带综合信息可视化系统[简称:海岸带综合信息可视化系统]V1.0		中国地质调查局天津地质调查中心、李磊、胡云壮、龚杰、刘培、胡周	软著登字第3320989号	2018SR991894
24	软件著作权	铀矿地质调查资料管理系统V1.0		中国地质调查局天津地质调查中心	软著登字第3017376号	2018SR688281
25	软件著作权	津冀海岸带资源环境承载力评价与预警平台V1.0		中国地质调查局天津地质调查中心	软著登字第3344785号	2018SR1015690

续附录 5

序号	类型	软件名称	发明人	专利权人/著作权人	证书号	专利号/登记号
26	软件著作权	高精度测深仪测深潮位改正软件[简称:HWDTM]V1.0		中国地质调查局天津地质调查中心	软著登字第2857625号	2018SR528530
27	软件著作权	高频长效压力式波潮仪波浪要素计算软件[简称:HLPWT]V1.0		中国地质调查局天津地质调查中心	软著登字第4404834号	2019SR0984077
28	软件著作权	天津地调中心海岸带陆海统筹三维服务系统V1.0		中国地质调查局天津地质调查中心、李磊、胡云壮、龚杰、黄垒、刘培、胡周	软著登字第4715578号	2019SR1294821
29	软件著作权	天津地调中心南部非洲地质信息服务系统V1.0		中国地质调查局天津地质调查中心、李磊、胡云壮、龚杰、刘培、黄垒、周红零	软著登字第4711291号	2019SR1290534
30	软件著作权	铀矿钻孔数据库质量检查软件V1.0		中国地质调查局天津地质调查中心、邓凡、周小希	软著登字第3578356号	2019SR0157599
31	软件著作权	天津地调中心地质调查工作程度查询服务系统V1.0		中国地质调查局天津地质调查中心、李磊、刘培、胡周、黄垒、杨君、潘际乾、周红零、杨俊泉	软著登字第827779号	2020SR0949083

续附录 5

序号	类型	软件名称	发明人	专利权人/著作权人	证书号	专利号/登记号
32	软件著作权	大地电磁人机交互去噪软件[简称：MT-DNPro]V1.0		范翠松	软著登字第5665515号	2020SR0786819
33	软件著作权	钻孔连井砂体自动提取软件 V1.0		周小希、邓凡	软著登字第6113020号	2020SR1234324
34	软件著作权	矿层平米铀量计算筛选软件 V1.0		周小希、邓凡、俞礽安、孙大鹏	软著登字第6113017号	2020SR1234321
35	软件著作权	天津地调中心海岸带承载力与国土适宜性双评价系统 V1.0		中国地质调查局天津地质调查中心（华北地质科技创新中心）、王小丹、李磊、王福、王心华、刘晓雪、邢怡	软著登字第7236574号	2021SR0513948
36	软件著作权	天津地调中心南部非洲国家矿业投资环境评价系统 V1.0		中国地质调查局天津地质调查中心（华北地质科技创新中心）、彭丽娜、李磊、任军平、陈致远、孙凯、牛广华	软著登字第7236572号	2021SR0513946

续附录5

序号	类型	软件名称	发明人	专利权人/著作权人	证书号	专利号/登记号
37	软件著作权	天津地调中心地质信息综合应用服务平台V1.0		中国地质调查局天津地质调查中心（华北地质科技创新中心）、李磊、郑锦娜、邓凡、黄垒、滕菲、刘欢、刘培、胡周	软著登字第7236573号	2021SR0513947
38	软件著作权	天津地调中心南部非洲地学信息服务网系统V1.0		中国地质调查局天津地质调查中心（华北地质科技创新中心）、黄垒、李磊、杨君、彭丽娜、曾威、赵丽君、周红零、黎国武	软著登字第7236575号	2021SR0513949
39	软件著作权	天津地调中心地质资料空间查询服务系统V1.0		中国地质调查局天津地质调查中心（华北地质科技创新中心）、郑锦娜、李磊、黄垒、杨君、王小丹、彭丽娜、邓凡	软著登字第8282133号	2021SR1559507

续附录 5

序号	类型	软件名称	发明人	专利权人/著作权人	证书号	专利号/登记号
40	软件著作权	天津地调中心京津冀协同发展专题网站软件 V1.0		中国地质调查局天津地质调查中心（华北地质科技创新中心）、刘宏伟、王小丹、郑锦娜、康健丽、杨齐青、杨君、潘际乾、王伯捷	软著登字第 7588914 号	2021SR0866288
41	软件著作权	矿山开发利用状况监测统计分析与制图软件 V1.0		中国地质调查局天津地质调查中心（华北地质科技创新中心）	软著登字第 8925396 号	2021SR2202770
42	软件著作权	雄安地球科学一张图服务专题系统 V1.0		中国地质调查局天津地质调查中心（华北地质科技创新中心）、王小丹、黄垒、李磊、杨君、陈致远、刘培、胡周、黎国武	软著登字第 9326864 号	2022SR0372665

附录6　2022年职工名册

类别	部门	合计	人数	人员
	中心领导	6	6	汪大明　曹贵斌　李基宏　朱　群 张起钻　林良俊
	副总	4	4	王惠初　司马献章　徐连龙　肖国强
综合管理机构	办公室	47	4	宫晓英　蔡云龙　孙义伟　董　伟
	规划处 （华北地区地质调查协调处）		7	滕学建　杨吉龙　张　永　李　红 匡海阳　段　明　谢　瑜
	科技处 （华北地质科技创新中心办公室）		4	相振群　段连峰　郭　旭　张彩芳
	财务处		10	陈　琳　董红亮　朱文勇　单　涛 李　茉　贾　琳　牛笑童　高冬梅 许　言　李铭曲
	装备基建处		3	秦　红　陈　枫　许新英
	人事教育处		5	侯志东　李　影　刘佳伟　王　田 王文龙
	党委办公室（群团处）		4	方　成　刘　洁　刘　宇　奥　琮
	纪检审计处		3	王宇珍　黄金国　肖　鹏
	安全和保密处		4	付永利　周小希　张潇月　李泽坤
	离退休干部处		3	李惠林　叶焕林　周婷婷
技术业务机构	基础地质室	185+1	22	刘　洋　孙立新　李承东　任邦方 赵利刚　王树庆　滕　飞　李敏男 张天福　牛文超　何　鹏　郭　硕 田　健　许　腾　王少轶　赵泽霖 张国震　程先钰　袁桂邦　胥勤勉 辛首臻　孟庆龙
	能源地质室 （中国地质调查局铀矿研究中心）		19	程银行　俞初安　汤　超　张超大 曾　威　王佳营　司庆红　朱　强 文思博　王善博　陈　印　刘　行 陈路路　赵华雷　徐增连　张超小 张　博　滕雪明　刘华健

续附录6

类别	部门	合计	人数	人员
技术业务机构	矿产地质室	185+1	15	李效广　冯晓曦　付　超　金若时 李志丹　张　锋　李艳锋　魏佳林 李光耀　胡　鹏　闫国强　张　祺 党智财　陈军强　康健丽
	海岸带与第四纪地质室 (中国地质调查局海岸带 地球系统科学研究中心)		12	王　福　胡云壮　田立柱　李建芬 施佩歆　商志文　姜兴钰　陈永胜 李　勇　袁海帆　杨　朋　文明征
	前寒武纪地质室 (前寒武纪地质研究中心)		8+1	初　航　张　阔　任云伟　田　辉 常青松　张家辉　施建荣　钟　焱 佟　鑫(博士后)
	水资源与水文地质调查室		10	柳富田　谢海澜　潘　桐　夏雨波 陈社明　孟庆华　张　竞　蒋万军 张　卓　宁　航
	国土空间综合研究室 (中国地质调查局雄安城市地质研究中心)、 地质安全评价室 (地质灾害调查监测中心)		11	刘宏伟　马　震　苗晋杰　杜　东 韩　博　白耀楠　李　状　孟利山 商和文　赵长荣　徐丹虹
	自然资源督察技术室、 自然资源综合调查室		16	杨俊泉　段霄龙　曾　辉　赵丽君 胡晓佳　王　威　刘　欢　刘晓雪 张　云　陈东磊　汪翡翠　黄旭红 仝云霄　张　静　李　婷　叶丽娟
	南部非洲地质调查合作中心 (中国地质调查局南部非洲矿业研究所)		17	任军平　刘晓阳　王　杰　贺福清 何胜飞　唐文龙　左立波　孙　凯 许康康　龚鹏辉　孙宏伟　吴兴源 古阿雷　卢宜冠　张　航　周佐民 曲　凯
	勘查技术室		11	张国利　苏永军　张素荣　高学生 刘继红　范翠松　曹占宁　黄忠峰 胡　婷　王家松　滕　菲

续附录6

类别	部门	合计	人数	人员
技术业务机构	实验测试室	185+1	27	周红英 耿建珍 吴磊 刘卉 许雅雯 郭虎 李国占 张莉娟 吴良英 刘义博 郝爽 张楠 张健 张永清 曾江萍 崔玉荣 王娜 肖志斌 王力强 方蓬达 郑智慷 魏双 涂家润 刘文刚 毕君辉 张然 于洋
技术业务机构	信息化室	185+1	17	陈安蜀 李磊 牛广华 于华 杨齐青 郑锦娜 王心华 王国明 李敏（女） 邓凡 王小丹 彭丽娜 杨君 曾乐 黄垒 赵运起 陈致远
其他机构	后勤服务中心	10	10	裴艳东 林茂峰 许文娟 柴婧靖 李立红 吴彦涛 于建中 丁士应 展思奇 雷雨辰
其他	其他人员	1	1	于庆和

附录

附录 7 2022 年离退休职工名册

（截至 2022 年 11 月 30 日）

离休职工名录

1	刘坚壁	2	刘少连

退休职工名录

1	陈宗礼	23	高玉杰	45	李铨	67	陈强
2	孟庆英	24	李顺智	46	翟安民	68	周华
3	冯静文	25	何方璧	47	吴冰	69	范志娥
4	周起玲	26	阎玉忠	48	金文山	70	陈刚
5	吴明慧	27	千基哲	49	蒋明媚	71	冯德元
6	卢桂云	28	刘秀琴（大）	50	李上森	72	郭维华
7	李凤林	29	间启明	51	秦正永	73	高秀华
8	王春鲜	30	范成模	52	牛绍武	74	张文治
9	陈玉英	31	张志良	53	李善择	75	邓诗堃
10	薛淑芸	32	兰英	54	李钟鸣	76	郭学琴
11	宋发清	33	李华芝	55	吴茂樵	77	王启凤
12	敦秀贞	34	周怀志	56	何忠德	78	朱士兴
13	陈耀惠	35	王长尧	57	高坪仙	79	吴昌华
14	权三顺	36	王正铤	58	李孝军	80	刘士华
15	李克志	37	侯隽	59	黄学光	81	聂雅珍
16	罗其玲	38	吴素珍	60	李俊民	82	董玉琴
17	王淑芳	39	胡小蝶	61	王自强	83	李乃荣
18	曹崇耀	40	徐文蒸	62	贺玉贞	84	曹芳
19	胡凤英	41	刘瑜桢	63	沈保丰	85	毛万凤
20	崔长芬	42	任富根	64	王席珍	86	孙振香
21	段承华	43	骆辉	65	周慧芳	87	王淑清
22	王毓钊	44	卢伟	66	吴佩珠	88	陆松年

89	苏 毅	121	汲崇林	153	孙志国	185	兰书慧
90	刘秀琴(小)	122	贾 弘	154	熊淑蔚	186	林晓辉
91	张慧英	123	李红军	155	彭树华	187	刘魁五
92	曹秀兰	124	范书玉	156	纪惠英	188	王延明
93	张月琳	125	王 宏	157	王贵录	189	王秀艳
94	赵 萍	126	王 强	158	谷永昌	190	刘 伟
95	刘秀芬	127	王凤桐	159	徐建国	191	赵福利
96	宫晓华	128	陈维萍	160	徐晓玲	192	刘 玢
97	李秀文	129	殷艳杰	161	卢顺利	193	黄立民
98	刘占芬	130	张 毅	162	白一桢	194	郭文良
99	孙淑芬	131	陈松友	163	赵宝茹	195	韩 伟
100	崔光来	132	张玉发	164	吕广儒	196	孙晓明
101	马荣环	133	钟新宝	165	刘金明	197	滕新华
102	赵燕春	134	史 林	166	于宏昆	198	冉书明
103	王 玮	135	陈建国	167	白丽君	199	赵凤清
104	高云芳	136	崔士堂	168	郭春勇	200	赵更新
105	王桂梅	137	赵彦明	169	张 琪	201	唐 敏
106	刘维英	138	马德有	170	张 燕	202	王官福
107	岳 军	139	张建曾	171	金兴泉	203	李俊建
108	刘金荣	140	李渤鸥	172	徐刚峰	204	刘永顺
109	毕莹茹	141	闫 静	173	李子英	205	李怀坤
110	张 洁	142	王少君	174	安树清	206	王存贤
111	杨春亮	143	冀世平	175	张良军	207	薛连宏
112	金友琴	144	王 于	176	张素凤	208	张国卿
113	王佳华	145	张金起	177	张世平	209	董学垠
114	汪彩芳	146	朱瑞娟	178	吴士军	210	王福杰
115	吴淑华	147	张文秦	179	吕建国	211	覃志安
116	杨学荣	148	韩福云	180	贾荣军	212	王建芬
117	王树昆	149	何文福	181	沈 铁	213	赵雪梅
118	马彦忠	150	杨学群	182	苗培森	214	徐铁民
119	李惠民	151	宋长富	183	刘新秒		
120	尹春英	152	张振江	184	张家庆		

附录 8 历次内设机构

2012 年组织机构图

职能管理部门	地质调查部	中国地调局华北地区项目管理办公室	中央地质勘查基金华北项目监理部	业务工作部门					技术支撑部门	综合服务部门			经营开发部门		
办公室／党委办公室／人事教育处／财务资产处／地调部本部／科技外事处	项目办本部	技术管理处／经济管理处／规划处／地质资料处		基础地质调查院	矿产资源调查院	水文地质环境地质调查院	物化探勘查院	境外勘查院	前寒武纪与第四纪地质研究所	海岸带与第四纪地质研究所	信息资料室／实验测试室	物业管理部／基建办公室／离退休人员管理处／经营管理处		科地基础工程有限公司	德天非开挖有限公司	康迪珠宝公司

2013 年组织机构图

职能管理部门	业务管理部门	业务工作部门	技术支撑部门	综合服务部门	经营开发部门
办公室／党委办公室／人事教育处／财务资产处／安全处	地质调查处／科技与装备处／基金监理办／技术管理处／规划处／经济管理处	基础地质调查院／矿产资源调查院／水环调查院／物化探勘查院／境外勘查院／前寒武纪研究所／第四纪研究所	信息资料室／实验测试室	物业管理部／基建办／离退休管理处／经营处	科地基础公司／德天非开挖公司／康迪珠宝公司

2014 年组织机构图

职能管理部门	业务管理部门	业务工作部门	技术支撑部门	综合服务部门	经营开发部门
办公室／党委办公室／人事教育处／财务资产处／安全处	地质调查处／科技与装备处／基金监理办／技术管理处／规划处／经济管理处	基础地质调查院／矿产资源调查院／水环调查院／物化探勘查院／境外勘查院／前寒武纪研究所／第四纪研究所	信息资料室／实验测试室	物业管理部／基建办／离退休管理处／经营处／车队	科地基础公司／德天非开挖公司／康迪珠宝公司

2015 年组织机构图

职能管理部门				业务管理部门				业务工作部门					技术支撑部门		综合服务部门			经营开发部门		
办公室	党委办公室	人事教育处	财务资产处	安全监理处	地质调查处	科技与装备处	基金办公室	技术管理处	规划处	经济管理处	基础地质调查院	矿产资源调查院	水环调查院	物化探勘查院	境外勘查院	前寒武纪研究所	第四纪研究所	信息资料室	实验测试室	物业管理部	基建办	离退休管理处	经营处	车队	科地基础公司	德天非开挖公司	康迪珠宝公司

2016 年组织机构图

职能管理部门					业务管理部门					业务工作部门							技术支撑部门			综合服务部门			经营开发部门		
办公室	党委办公室	人事教育处	财务资产处	监察审计处	安全处	科学技术处	装备处	基金办公室	规划处	技术管理处	经济管理处	基础地质调查院	矿产资源调查院	水环调查院	物化探勘查院	境外勘查院	前寒武纪研究所	第四纪研究所	信息资料室	实验测试室	非化石矿产实验室	物业管理部	基建办	离退休管理处	科地基础公司	德天非开挖公司	康迪珠宝公司

2017 年组织机构图

职能管理部门							业务管理部门			业务工作部门								技术支撑部门		综合服务部门			经营开发部门		
办公室	党委办公室	人事教育处	财务资产处	监察审计处	安全生产管理处	科学技术处	装备处	技术处	规划处	经济处	铀矿室/能源实验室	基础地质室	矿产资源室	水文地质环境地质室	勘查技术室	境外地质室	前寒武纪与第四纪室	海岸带与第四纪地质室	信息室	实验测试室	物业管理部	基建办	离退休人员管理处	科地基础公司	德天非开挖公司	康迪珠宝公司

附 录

2018年组织机构图

综合管理部门							项目办		技术业务部门						技术支撑部门		其他部门		经营开发部门		
办公室	党委办公室	人事教育处	财务资产处	监察审计处	安全和保密处	科学技术处	装备处	规划处	技术处/基金办	经济处	铀矿室/能源实验室	基础地质室	矿产资源室	水文地质环境地质室	勘查技术室	境外地质室	前寒武纪与第四纪室	海岸带/成果处	信息室	实验测试室	物业管理部	基建办	离退休人员管理处	科地基础公司	德天非开挖公司	康迪珠宝公司

2019年组织机构图

综合管理部门							项目办		技术业务部门						技术支撑部门		其他部门		经营开发部门
办公室	党委办公室	人事教育处	财务资产处	监察审计处	安全和保密处	科学技术处	装备处	规划处	技术处/基金办	经济处	成果处	铀矿室	基础地质室	矿产资源室	水文地质环境地质室	勘查技术室	境外地质室	前寒武纪与第四纪室	海岸带/成果处	信息室	实验测试室	物业管理部	基建办	离退	科地基础公司

2020—2021年组织机构图

综合管理部门							项目办		技术业务部门								其他部门	
办公室	科学技术处	财务资产处	装备处	人事教育处	监察审计处	党委办公室	安全和保密处	规划处	技术处	经济处	成果处	基础地质室	矿产资源室	能源地质室	水文地质环境地质室	海岸带与第四纪地质室	前寒武地质室	境外地质室	勘查技术室	地质信息室	实验测试室	后勤管理处	离退休干部处

·205·

2022年组织机构图

综合管理机构	技术业务机构	其他机构
办公室 规划处（华北地区地质调查协调处） 科技处（华北地质科技创新中心办公室） 财务处 装备基建处 人事教育处 党委办公室（群团处） 纪检审计处 安全和保密处 离退休干部处	基础地质室 能源地质室（中国地质调查局铀矿研究中心） 矿产地质室 海岸带与第四纪地质室（中国地质调查局海岸带地球系统科学研究中心） 前寒武纪地质室（前寒武纪地质研究室） 水资源与水文地质研究室 自然资源督察技术室、自然资源综合调查室、地质安全评价室（地质灾害调查监测中心） 国土空间综合研究室（中国地质调查局雄安城市地质研究中心） 南部非洲地质调查合作中心（中国地质调查局南部非洲矿业研究所） 勘查技术室 实验测试室 信息化室	后勤服务中心

附录 9 队伍规模与经济总量　　　　　　　　　　　　　单位:万元

年度	职工数/人	资产总额/万元	总收入/万元	财政拨款收入/万元	科研项目收入/万元	货币工作总量（地调项目）/万元
2012	250	25 978.14	21 912.18	18 783.75	202	17 015
2013	257	36 491.17	31 236.47	27 429.15	175	12 780
2014	271	29 064.50	27 479.19	23 313.54	3070	10 720
2015	278	27 669.29	23 704.67	18 702.82	253	11 780
2016	273	28 427.51	39 774.31	34 409.86	1414	29 403
2017	267	22 134.12	36 132.66	34 348.31	0	30 452
2018	265	25 329.01	40 625.65	36 381.96	3336	33 007
2019	264	25 335.64	26 878.73	25 004.90	99	21 386
2020	263	26 797.42	19 461.40	15 759.19	133	12 005
2021	259	25 352.28	13 619.57	11 936.70	532	8130
2022	253	26 343.38	13 172.46	12 081.00	2763	8 160.35

十年大事记
（2012—2022年）

中国地质调查局天津地质调查中心

（天津地质矿产研究所）（华北地质科技创新中心）

十年大事记(2012—2022年)

2012年

- 1月10日—14日，召开华北地区2012年基础地质调查项目原始资料质量检查、展评和成果交流会。
- 2月13日，召开纪念建所50周年筹备活动老干部座谈会。
- 2月7日，在中国地质调查局优秀图幅展中，中心获一等奖1个、二等奖1个、三等奖3个。
- 2月16日，傅秉锋等一行访问坦桑尼亚地质调查局，就合作开展坦桑尼亚姆贝亚恩通巴地区1∶25万化探项目的相关实施细节深入交换意见。
- 2月22日—23日，召开2012年工作会议暨五届一次职工代表大会。

- 2月28日,中心被中共天津市委科技工作委员会授予2009—2011年度"科技系统文明单位"称号。
- 3月3日—5日,召开华北古生代以来重要地质事件与成矿作用关系研讨交流会。
- 3月19日,启用"中国地质调查局华北地区项目管理办公室"等4枚印章;废止天津地质调查中心总工程师室和项目监督管理处印章。
- 3月22日—23日,召开华北地区页岩气资源战略调查与评价选区研究研讨会。
- 4月6日,傅秉锋当选天津市第十次党代会代表。
- 4月20日,中心自主开发的"家园的历史之天津海岸线"演示平台开始试用并面向公众开放。
- 4月20日—24日,召开"中南部非洲重要成矿带规律研究与资源潜力分析"项目中期成果汇报及编图接图工作研讨会。
- 5月5日,召开2012年竞争性选择地质调查项目承担单位开标和评标会议。
- 5月16日—18日,召开"环渤海地区国土规划与资源承载力综合评价关系研究"成果评审及研讨会。
- 6月8日,中心新版门户网站正式上线运行。
- 6月8日—10日,举办50年地质调查与科研成果展。
- 6月29日,召开庆祝建党91周年暨创先争优表彰大会。
- 7月10日,聘用新职工28人。
- 7月25日—28日,在内蒙古自治区锡林郭勒盟组织召开大兴安岭成矿带南段工作部署及现场考察研讨会。
- 8月1日—2日,中国地质调查局党组成员、纪检组长李海清到中心调研。
- 8月3日,与潍坊市人民政府签署潍坊市区域地质和地质环境调查战略合作协议。
- 7月7日—21日,5名科研人员赴丹麦、德国进行学术访问。
- 8月21日,退休老职工何方壁被天津市委组织部、天津市委老干部局和天津市委创先争优活动领导小组授予"天津市离退休干部""创先争优优秀党员"荣誉称号。
- 9月24日—26日,组织召开华北地区2013年地质矿产调查评价专项工作项目立项论证会。
- 11月3日,与发展研究中心签署合作协议。

2013年

- 1月4日—5日,中国地质调查局党组副书记、副局长王研带领考核组对中心领导班子和领导干部进行2012年度考核。
- 1月6日—8日,组织召开华北大区2012年地质调查项目报表布置会议暨财务软件培训班。

- 1月21日,举行退休老所长沈保丰同志图书资料和岩矿标本捐赠仪式。
- 2月25日,召开2013年中心工作会议暨五届二次职工代表大会。
- 3月29日,苗培森赴蒙古乌兰巴托市参加中蒙边界地区1∶100万地质图件交接仪式,蒙古矿产资源管理局副局长D. Uuriintuya、蒙古地质调查局局长D. Bold出席。
- 3月24日,2名科研人员赴越南参加东南亚海岸带地区地下水管理对比研究项目分析研讨会。
- 4月,组织召开华北地区非常规能源野外现场考察和综合研究工作部署与技术方法研讨会。
- 4月17日,中国地质调查局副局长李金发一行到中心调研。
- 4月30日,司马献章荣获天津市科技系统2012年度"五一"劳动奖章。
- 5月6日,共青团天津市科技工作委员会批复:同意天津地质调查中心团总支改建为团委,同意团总支委员会由5人组成,设书记1人。
- 5月9日,中心与坦桑尼亚地质调查局就开展坦桑尼亚姆贝亚省恩通巴地区区域地球化学调查达成合作协议。
- 6月6日,中心在内蒙古阿巴嘎旗乌和尔楚鲁图新发现一处钼矿产地。初步估算钼矿体(334_1)矿石量1.4亿t,金属量7.6万t,达到中型矿床规模。
- 6月5日—10日,韩国基础科学研究所首席科学家郑昌植博士一行到访中心,开展学术交流和合作研究活动。
- 6月18日,李怀坤任前寒武纪地质研究所所长(正处级);肖国强任海岸带与第四纪地质研究所所长(正处级);陈安蜀任资料信息室主任(正处级)。
- 7月3日,成都理工大学倪师军校长一行到访中心。
- 7月8日,聘用新职工17人。
- 7月12日,中心访问赞比亚地质调查局,共商援助赞比亚地质项目"援赞比亚北部省卡萨马地区区域地质与地球化学调查"合作事项。
- 7月24日,国土资源部中央地质勘查基金管理中心主任程利伟就深化"煤铀兼探"协作工作机制到访中心。
- 8月6日,召开华北地区物探资料应用成果汇总汇编工作会议。
- 8月6日—9日,在赞比亚开展援外技术培训。
- 8月15日,召开党的群众路线教育实践活动动员大会。
- 9月,"津巴布韦区域地球化学调查与战略找矿"荣获2013年度国土资源科学技术二等奖。
- 9月3日—4日,全国砂岩型铀矿远景调查工作部署研讨会在天津召开。国土资源部副部长汪民、天津市副市长尹海林、中国科学院和中国工程院多位院士出席大会。

- 10月9日,中心访问津巴布韦地质调查局,商讨援助津巴布韦地质项目"津巴布韦哈拉雷(HARARE)、圭鲁(GWERU)地区1:25万区域地球化学调查"合作事项。
- 11月,由李俊建研究员主编的《蒙古地质矿产概况》公开出版发行。
- 11月4日,国土资源部副部长汪民到天津地质调查中心调研,与中心中层干部座谈。
- 10月18日,天津地质矿产研究所神农架前寒武纪研究基地在神农架世界地质公园揭牌。同日,中心与湖北神农架国家地质公园管理局签署合作协议。
- 12月2日,援赞比亚北部省卡萨马地区区域地质与地球化学调查项目组全体35名成员回国。
- 12月19日—20日,召开党的群众路线教育实践活动专题民主生活会。中国地质调查局第五督导组、李金发副局长一行到会指导。
- 12月20日—21日,山东省潍坊市国土资源局局长刘树亮一行到访中心。
- 12月26日,召开党的群众路线教育实践活动专题民主生活会情况通报会。
- 12月30日,召开2013年度处级干部述职大会。
- 2013年,新发展党员5名。

2014年

- 1月14日,中国地质调查局党组成员、纪检组长李海清带领考核组对中心领导班子和领导干部进行2013年度考核。
- 2月28日,召开党的群众路线教育实践活动总结大会,中国地质调查局教育实践活动第五督导组耿俊峰组长到会指导。
- 3月25日,召开共青团天津地质调查中心第一次团员大会,选举产生了共青团天津地质调查中心第一届委员会。宫晓英为团委书记,李惠林任组织委员,王家松任宣传委员,赵丽君任科技委员,黄金国任文体委员。
- 3月29日,召开2014年中心工作会议暨五届三次职工代表大会。
- 4月9日,水环部在天津地质调查中心召开重要经济区和城市群1:5万水工环综合调查试点研讨会。
- 4月11日,中国地质调查局党组研究决定:免去傅秉锋同志天津地质调查中心(天津地质矿产研究所)党委书记、纪委书记职务。
- 4月21日,中心荣获中国地质调查局2013年度"安全生产优秀单位"称号。
- 4月16日—24日,组织开展华北地区2014年度地质矿产调查评价项目设计审查。
- 4月28日,武警部队黄金第二总队总工程师李念凤和武警黄金指挥部区矿调处长李文辉一行到访中心。

- 5月8日,"京津冀一体化"地质工作组成立。
- 6月17日,天津地质矿产研究所与中国地质科学院地球物理地球化学勘查研究所在天津签署蒙古国东方省1∶100万地球化学测量工作合作协议书。
- 6月5日,中国地质调查局副局长王研一行在访问津巴布韦地质调查局期间看望中心津巴布韦项目组成员。
- 7月7日,聘用新职工19人。
- 7月24日,发展研究中心主任严光生率"基础地质图更新与数据库研发"项目调研组一行到访中心。
- 7月3日—31日,中心会同内蒙古自治区国土资源厅对内蒙古自治区的11个整装勘查区进行跟踪检查指导。
- 8月15日,中国地质调查局党组副书记、副局长王研到中心调研。
- 8月15日,由国土资源部郑州矿产资源监督检测中心、河南省地矿局第二地质矿产调查院和天津地质调查中心共同投资建设的天宇地质测试中心(坦桑尼亚)有限公司举行开业庆典。
- 8月18日,中心获批"金属矿床中磁铁矿和黄铁矿的逐步淋滤Pb-Pb同位素等时线直接定年"青年科学基金项目和"渤海湾沿海低地第Ⅱ海侵层年龄:MIS3或MIS5?"面上项目,直接经费102万元。
- 8月27日—28日,由中心承办的中国地质调查局系统纪委书记座谈会在天津召开,中国地质调查局党组成员、纪检组长李海清同志出席。
- 9月1日,赞比亚矿业与矿产开发、能源及水利部常务秘书看望"援赞比亚北部省卡萨马地区区域地质与地球化学调查"项目组成员。
- 7月4日,苏永军申报的"重力勘探柱状地质体改进后定量解释系统研究"入选国家"人力资源和社会保障部办公厅2014年度留学人员科技活动项目择优资助划拨经费"项目。
- 9月20日,中心组织参加天津市科技系统第二届职工运动会并获优秀组织奖。
- 9月24日,中国地质大学教授莫宣学院士到中心作题为《岩浆—构造—成矿》的学术报告。
- 10月8日,郑州矿产综合利用研究所所长冯安生一行到访中心,就联合建立新能源矿产资源实验室开展交流。
- 10月13日—15日,中国地质调查局纪检组长、党组成员李海清一行到中心就项目和资金管理工作开展调研。
- 10月14日,援赞比亚北部省卡萨马地区区域地质与地球化学调查项目组19名科研人员全部回国。

- 11月4日—6日,全国砂岩型铀矿工作部署研讨会在天津召开,国土资源部党组成员、中国地质调查局局长钟自然,中国科学院翟明国院士,国土资源部地质勘查司副司长、矿产勘查办公室常务副主任于海峰出席。
- 11月9日—10日,组织召开2015年地质调查子项目立项论证会。
- 11月26日,退休干部沈保丰荣获"全国离退休干部先进个人"称号。
- 11月30日,由全国地层委员会、天津地质调查中心和天津市蓟县中上元古界国家自然保护区管理中心联合主办的"中、新元古代研讨会"在蓟县召开。
- 12月15日,聘用新职工1人。
- 12月31日,李建国同志任973项目与铀矿工程管理办公室主任(正处级)。
- 12月,莱州湾地区海(咸)水入侵界面三维探测尝试获得成功。
- 2014年,新发展党员2名。

2015年

- 1月,吕广儒被天津市公安局授予"个人三等功",秦红、刘金明被授予"个人嘉奖"。
- 1月5日—11日,中心组织对3个工程的8个项目下属的续作子项目进行考核。
- 1月8日,成立973项目与铀矿工程管理办公室。
- 1月29日,召开全体职工大会,传达贯彻全国地质调查工作会议精神。
- 1月29日,退休研究员张鹏远将珍藏的191个蓟县及其相邻地区中元古界燧石相微体化石薄片及相关研究论文成果捐赠中心。
- 2月26日,中心在莱州湾南岸滨海地区钻孔中首次发现富锶-硅型深层岩溶热矿水。
- 3月3日,中国地质调查局党组成员、副局长李金发带领考核组到中心,对领导班子和领导干部进行年度考核,指导民主生活会。
- 3月6日,中心牵头申报的"中国北方巨型砂岩铀成矿带陆相盆地沉积环境与大规模成矿作用"项目获得国家重点基础研究发展计划立项批准。
- 3月9日,贵州省有色金属和核工业地质勘查局局长周文一行到访中心,就推进贵州省铀矿找矿工作进行会谈。
- 3月17日,召开2015年度工作会议暨五届四次职工代表大会。
- 3月31日,中钢集团天津地质研究院院长敬成贵一行到访中心,就共同培养硕士研究生有关事宜进行会谈。
- 4月13日—17日,中心篮球队荣获局第四届职工篮球赛郑州赛区第一名。
- 4月20日,国家973计划"中国北方巨型砂岩铀成矿带陆相盆地沉积环境与大规模成矿作用"项目实施部署会议在天津召开。

- 4月21日,中国核工业集团公司叶奇蓁院士和中国核工业地质局郑大瑜研究员应邀到中心作学术报告。
- 4月29日,金若时和铀矿调查评价项目组分别荣获"天津市劳动模范"和"天津市模范集体"称号。
- 5月29日,地调局党组研究决定:赵凤清同志任中国地质调查局天津地质调查中心(天津地质矿产研究所)副主任(副所长)(副局级);肖桂义同志任中国地质调查局天津地质调查中心(天津地质矿产研究所)副主任(副所长)(副局级),党委委员。
- 6月2日,召开"三严三实"专题教育进行动员部署会。
- 6月3日,天津市委常委、市委教育工委书记朱丽萍到中心调研。
- 6月5日,中心向潍坊市滨海开发区管委会移交潍坊滨海区区域地壳稳定性调查评价成果。
- 6月19日,中心荣获天津科技系统迎"七一"党建知识竞赛一等奖。
- 6月24日,由国土资源部财务司主办、天津地质调查中心承办的部门预算管理改革暨2016年部门预算编制工作培训班在天津召开。
- 7月2日,中心联合核工业航测遥感中心中标商务部"援赞比亚东北地区航空物探和地质地球化学综合填图"项目。
- 7月3日,地调局党组研究决定:金若时同志任中国地质调查局华北地质调查项目管理办公室主任。
- 7月13日,聘用新职工16人。
- 7月23日,李俊民同志任经营处处长(正处级)。
- 7月24日,中心与中钢集团天津地质研究院有限公司签署联合培养硕士研究生协议。
- 7月21日,中国地质调查局党组发布关于表扬一批先进集体和先进个人的通报:《京津冀地区国土资源与环境地质图集》编制组获"先进集体"称号,马震、谢海澜、杨齐青获得"先进个人"称号。
- 8月1日,由中国地质调查局组织,天津地质调查中心承办的京津冀协同发展地质工作协商联动研讨会在北京召开。
- 8月17日,国家自然科学基金委员会公布了2015年度自然科学基金项目资助结果,中心2项面上项目和4项青年科学基金项目获得资助,直接经费203万元。
- 8月9日—22日,中心会同内蒙古自治区国土资源厅对内蒙古自治区的11片整装勘查区进行跟踪检查指导。
- 8月27日—30日,华北项目办组织召开华北地区2016年地质调查二级项目立项论证会议。

● 10月9日,金若时在中国地质学会2015年学术年会上作题为《我国煤铀兼探的新思路与新进展》的报告。

● 10月18日,周红英在"同位素地质专业委员会成立三十周年——暨同位素地质应用成果学术讨论会"上作题为《金红石U-Pb同位素定年标准物质》的专题报告。

● 10月20日,贵州省有色金属和核工业地质勘查局局长周文一行到访中心,就加快推进贵州省铀矿找矿工作及铀矿勘查人才培养进行会谈。

● 10月22日,原地质矿产部部长朱训、原中国地质调查局局长孟宪来在参加国际矿业大会期间视察中心。

● 10月22日,中央地质勘查基金管理中心主任程立伟在参加国际矿业大会期间到访中心。

● 10月23日,西澳地质调查局局长瑞克·罗杰森应邀到访中心。

● 11月24日,国土资源部组织召开京津冀协同发展地质调查工作合作机制座谈会,会上研究了天津地质调查中心与水环部共同编制的《京津冀协同发展地质调查工作合作协议》(讨论稿)、《京津冀协同发展地质调查工作响应计划(2016—2020)》(征求意见稿)。

● 12月1日,天津地质调查中心非化石能源矿产实验室正式揭牌。

● 12月16日,地调局党组研究决定:贾伟光同志任中国地质调查局天津地质调查中心(天津地质矿产研究所)纪委副书记(正处级)、党委委员。

● 12月26日,全国国土资源管理系统先进集体、先进工作者表彰暨第十四次李四光地质科学奖颁奖大会在人民大会堂隆重举行,中心铀矿调查评价项目组荣获先进集体奖。

● 2015年,新发展党员1名。

2016年

● 1月18日,召开党政联席会议,传达贯彻落实2016年全国地质调查工作会议精神。

● 1月28日,中心首次获得商务部援外技术援助项目实施资格(国土资源行业)。

● 1月,天津地质调查中心团委被共青团天津市委员会授予2015年度"天津市青年文明号"称号。

● 1月,中心牵头承担的"潍坊市滨海区区域地壳稳定性调查评价"项目成果获山东省国土资源科学技术一等奖。

● 2月22日,地调局党组研究决定:孙晓明同志任中国地质调查局天津地质调查中心(天津地质矿产研究所)党委书记(正局级)、副主任(副所长)。

● 2月23日,马震任水文地质环境地质调查院院长(正处级);王杰任境外勘查院院长（正处级）；秦红任物业管理部主任（正处级）。
- 2月24日，天津地质调查中心召开2016年度工作会议。
- 2月，资料信息室荣获2015年天津市"三八"红旗集体。
- 3月22日，召开2016年度安全生产工作暨安全培训会议。
- 4月11日，召开2016年党风廉政建设工作会议。
- 4月8日—11日，肖桂义陪同中国地质调查局局长钟自然访问赞比亚矿业与矿产开发部、拜访中国驻赞比亚大使馆，并到中资矿业企业调研考察。
- 4月15日，召开党政联席会议，传达贯彻中国地质调查局2016年安全生产工作会议精神，部署2016年安全生产工作。
- 4月29日，中心荣获天津市"五一"劳动奖状荣誉称号，天津市科委党委书记、主任陆文龙一行来中心授奖牌。
- 4月27日，国土资源部党组成员、中纪委驻部纪检组组长赵凤桐到中心调研。
- 5月9日，国土资源部、中国地质调查局第三巡视组进驻中心开展巡视工作。
- 5月17日，启用"中国地质调查局天津地质调查中心财务专用章"等6枚印章。原"天津地质调查中心人事教育处"等2枚印章因破损停止使用。
- 5月17日，朱士兴研究员研究团队在国际著名刊物《自然·通讯》发表《华北15.6亿年前高于庄组分米级的多细胞真核生物》。
- 5月17日，沈保丰家庭荣获"全国最美家庭"和"天津市最美家庭"称号。
- 5月30日—31日，铀矿973计划项目"中国北方巨型砂岩铀成矿带陆相盆地沉积环境与大规模成矿作用"2016年工作研讨会在北京召开。
- 6月14日，天津市科学技术委员会陆文龙书记一行到中心检查党风廉政建设及安全生产工作情况。
- 6月20日，天津市副市长何树山到中心慰问生活困难党员。
- 7月1日，召开庆祝建党95周年暨表彰大会。
- 7月11日，聘用新职工5人。
- 8月25日—9月3日，天津地质调查中心初航同志赴南非参加第35届国际地质大会，展示论文成果。
- 9月1日，启用"中国地质调查局天津地质调查中心委员会"等6枚印章。原"中共天津地质调查中心纪律检查委员会"等2枚印章停止使用。
- 9月13日，天津市科学技术委员会陆文龙书记一行到中心检查指导第三季度党风廉政建设工作。
- 9月22日，赞比亚、莫桑比克、南非和肯尼亚等四国的13位学者到访中心。
- 9月24日，金若时主持中国矿业大会"中国-非洲矿业投资合作伙伴论坛"分论坛

"赞比亚矿业投资论坛"。
- 9月28日,国土资源部党组成员、中国地质调查局局长、党组书记钟自然一行到中心调研。
- 9月,中心承担的"内蒙古昌图锡力多金属矿调查"取得突破进展,首钻深度158m,见矿101m,锰含量最高值达38%。
- 10月,施建荣、肖志斌和胡云壮同志获批国家自然科学基金委员会青年科学基金项目。
- 10月9日,召开全体党员大会,选举产生了新一届党委、纪委班子,新一届委员会委员5名(按姓氏笔画为序):孙晓明、苗培森、金若时、贾伟光;纪律检查委员会委员5名(按姓氏笔画为序):王宇珍、王惠初、付永利、兰书慧、贾伟光。党员大会后,召开中心新一届委员会第一次全体会议,选举孙晓明为党委书记,金若时为党委副书记,召开纪律检查委员会第一次全体会议,选举贾伟光为纪委书记。
- 10月20日,离休干部刘坚壁荣获中共中央、中央军委颁发的"中国工农红军长征胜利80周年纪念章"。
- 11月29日,部地质勘查司司长王昆一行赴中心铀矿调查工程野外基地进行调研。
- 12月,陈安蜀荣获天津市最美科技巾帼称号。
- 12月6日,召开学习贯彻党的十八届六中全会精神专题报告会。
- 12月28日,中国地质调查局党组研究决定:贾伟光同志任中国地质调查局天津地质调查中心(天津地质矿产研究所)纪委书记(副局级)、党委委员。
- 12月29日,王惠初同志任副总工程师(正处级);司马献章同志任副总工程师(正处级);徐连龙同志任副总经济师(正处级);王宇珍同志任监察审计处处长(正处级);吕广儒同志任安全生产管理处处长(正处级);刘永顺同志任基础地质调查院院长(正处级);张国利同志任物化探勘查院院长(正处级)。
- 2016年,新发展党员2名。

2017年

- 1月13日,召开第七次会员代表大会暨第六届职工代表大会,选举产生第七届工会委员会。
- 1月16日,中国地质调查局党组成员、纪检组长李海清一行莅临中心指导2016年度中心领导班子民主生活会,并对领导班子和领导干部进行年度考核。
- 1月17日,离退休人员管理处获评国土资源部离退休干部工作先进集体,张国卿同志荣获国土资源部先进离退休干部工作者称号。
- 2月21日,中心获评中国地质调查局2016年度安全生产责任制考核优秀单位,吕广儒、张潇月获评局安全生产先进工作者。

● 3月7日，贾伟光对新提拔任用的12名处级干部及5名二级项目负责人进行集中廉政谈话。

● 3月21日，地调局党组研究决定：徐刚峰同志任中国地质调查局天津地质调查中心（天津地质矿产研究所）副主任（副所长）（副局级），党委委员。

● 3月22日，朱士兴研究员团队"华北发现距今15.6亿年前地球上最早的大型多细胞生物化石群"研究成果入选2016年度中国古生物学十大进展。

● 3月24日，中心与河北地质矿产勘查开发局签署"全面战略性合作框架协议"。

● 3月28日，召开学习贯彻十八届六中全会精神全力营造风清气正政治生态专项行动部署动员会。

● 3月29日，召开2017年度党支部工作部署研讨会。

● 3月30日，召开团员大会，选举产生新一届委员会，团委书记为蔡云龙。

● 4月，中心4人的摄影作品在天津市地质学会第二届"地质人眼中的地球"摄影展评活动中获奖。

● 4月，中心与河南省地质调查院承担的郑州航空港经济综合实验区双鹤湖片区海绵城市建设地质适宜性评价成果移交航空港管委会。

● 4月18日，铀矿973计划项目2016年成果总结暨2017年工作部署会议在南昌召开。

● 5月，离退休干部党支部荣获中共天津市委老干部局"五好离退休干部党支部示范点"荣誉称号。

● 5月，中心荣获全国"五一"劳动奖状；司马献章荣获2016年度天津市"五一"劳动奖章。

● 5月9日，中心举办岗位技能比武竞赛。

● 5月17日，经中心研究决定，正式撤销"地质矿产部天津地质矿产研究所康迪珠宝公司"。

● 5月31日，根据中央编办文件精神，中心加挂的天津地质矿产研究所牌子调整为华北地质科技创新中心。

● 6月19日，安新县副县长孟光耀一行莅临雄安地质调查工程现场调研慰问。

● 6月20日，中心承担的中国地质调查局雄安新区工程地质勘查首个水上钻井顺利开钻。

● 6月26日，中心承担的商务部"援赞比亚北部省卡萨马地区区域地质与地球化学调查"项目在赞比亚矿业与矿产开发部完成成果移交。

● 6月28日，"援赞比亚东北地区航空物探和地质地球化学综合填图"项目在姆巴拉地区政府驻地会议厅召开项目启动会。

- 6月30日上午,举行庆"七一"主题党日活动暨表彰大会。
- 5月25日,中心向河北省沽源县政府移交2016年康保—沽源地区1:25万土地质量地球化学调查研究成果。
- 7月5日,部第六巡视组进驻天津地质调查中心开展巡视"回头看"工作。
- 7月10日,聘用新职工5人。
- 7月13日,天津市科技工会王力力主席一行赴雄安新区野外施工现场,开展关爱职工送清凉送文化送健康慰问活动。
- 8月4日,召开以"学习贯彻十八届六中全会精神,全力营造风清气正政治生态"为主题的整治政治生态专项行动专题民主生活会。
- 8月18日,境外地质调查院刘宇入选第十三届全运会火炬手,完成火炬传递活动。
- 8月23日,雄安新区地质调查第一阶段成果移交暨四方联席会议上,中心的雄安新区三维地层结构模型成果直观展现透明雄安。
- 8月29日—30日,实验测试室肖志斌获第四届全国地质与地球化学分析青年论坛一等奖。
- 8月,中心地面沉降监测研究中心实验楼施工许可证获批。
- 9月,中心荣获2015—2017年度"天津市文明单位"荣誉称号。
- 9月19日,法国地质学家米歇尔·库尼教授受金若时主任邀请,到中心开展学术交流。
- 9月22日,地调局党组研究决定:免去金若时同志中国地质调查局天津地质调查中心(天津地质矿产研究所)主任(所长)、党委副书记、中国地质调查局华北地质调查项目管理办公室主任职务。
- 9月22日,地调局党组研究决定:孙晓明同志任中国地质调查局天津地质调查中心(华北地质科技创新中心)主任、中国地质调查局华北地质调查项目管理办公室主任职务。
- 9月30日,宫晓英同志任办公室主任(正处级);付永利同志任安全生产管理处处长(正处级);辛后田同志任基础地质调查院院长(正处级);滕学建同志任科学技术处(项目管理处)处长。
- 10月17日,召开领导干部任职会议,中国地质调查局党组成员、副局长李金发出席,宣布孙晓明同志任中心主任、党委书记。
- 10月,中心分别与中国石油青海油田分公司、新疆油田公司签署铀矿选区与地质调查合作协议。
- 11月6日,启用"华北地质科技创新中心"等7枚印章。原"中国地质调查局天津地质调查中心合同专用章"等13枚印章停止使用。
- 11月14日,肖国强同志任副总工程师(正处级)。
- 11月,中心荣获2017年"全国文明单位"荣誉称号。
- 12月8日,地调局党组研究决定:张永双同志任中国地质调查局天津地质调查中心(华北地质科技创新中心)副主任(副局级),党委委员。
- 12月,中心工会荣获2015—2016年度天津市科技系统"模范职工之家"称号。
- 2017年,新发展党员5名。

2018年
- 1月8日,召开廉政建设培训座谈会。
- 1月10日,召开中国地质调查局泥质海岸带地质环境重点实验室2017年年会。
- 1月11日,在天津市科技系统职工第六届工运理论学习研究成果发布会上,中心工会荣获优秀组织奖,李影荣获二等奖,刘洁、刘宇荣获三等奖,单涛荣获新思路奖。
- 1月16日,孙晓明一行赴天津市科技工作委员会汇报中心科技创新工作进展和东丽湖地质科技创新中心规划建设情况。
- 1月25日,召开中层干部会议,贯彻落实2018年全国地质调查工作会议精神。
- 1月25日,召开国际合作培训暨国际合作成果汇报交流会。
- 2月6日,召开2018年工作会议暨六届七次职工代表大会。
- 2月7日,启用"中国地质调查局天津地质调查中心财务专用章"印章。原"中国地质调查局天津地质调查中心财务专用章"印章因破损停止使用。
- 2月22日,陈安蜀荣获2017年度天津市"三八"红旗手称号。
- 3月7日,召开2018年党风廉政建设工作会议。
- 3月14日,中心联合发展研究中心、油气调查中心、航空物探遥感中心、物化探所、郑州综合利用所中标商务部技术援助项目援卢旺达地质矿产调查。
- 3月14日,召开华北地质科技创新中心建设协调会。
- 3月26日,山东省第六地质矿产勘察院林少一书记一行到访中心,对接新时期地质工作趋势和规划。
- 4月3日上午,中心地面沉降监测研究中心基地实验楼开工奠基仪式在滨海新区举行。
- 4月17日,局党组成员、纪检组长李海清率调研组到中心开展"推进廉政风险防控向基层延伸"主题调研。
- 4月22日,中心组织地质科普志愿服务专家团队走进武清天和城实验中学开展地学科普活动。

- 4月25日,中心举办"科普集市"活动,天津外国语大学附属中学近300名师生走进中心科普集市,感受地学之美。
- 4月28日,"中国地质调查局天津地质调查中心唐山海岸带地质环境科研基地"在河北省唐山市正式挂牌。
- 5月23日,沈保丰家庭、王宏家庭荣获2016—2017年度"天津市五好家庭"称号。刘洋家庭、汤超家庭荣获2018年度"天津市最美家庭"称号。
- 6月6日,内蒙古国土资源厅、内蒙古地质调查院到访中心。
- 6月18日—21日,中国地质调查局华北项目办组织完成2019—2021年项目(第2批)技术论证。
- 6月,引进全自动激光烧蚀进样系统投入使用。
- 7月9日,聘用新职工8人。
- 7月20日,退休干部、原天津地质矿产研究所所长、地质专家沈保丰同志的《矢志报国,不忘初心》专题片在天津卫视《家国情怀》节目中播出。
- 7月,中心牵头的"京津冀综合地质调查成果与应用"成果获中国地质调查局科技进步奖一等奖。
- 8月27日,中心获批国家重点研发计划项目"北方砂岩型铀能源矿产基地深部探测技术示范"项目,直接经费2853万元。
- 9月,王宏、商志文通过天津卫视《大家说理》栏目,科普天津生态红线保护世界级地质遗迹——牡蛎礁、贝壳堤的意义。
- 10月9日,中心获批博士后科研工作站。
- 10月15日,中国地质调查局党组研究决定:魏长武同志任中国地质调查局天津地质调查中心(华北地质科技创新中心)副主任(副局级)、党委委员。
- 10月17日,华北地质科技创新中心成立暨学术研讨会在津召开。自然资源部党组成员、中国地质调查局局长、党组书记钟自然,天津市人民政府副秘书长景悦出席并致辞。汪集暘、莫宣学、武强等院士出席会议。
- 10月18日,加拿大萨斯卡切温省能源与资源部地质调查局局长Gary Delaney和经济部大中华地区总监William Wang访问中心。
- 10月22日,中心与泰山风景名胜区管理委员会在山东省泰安市举行"中国地质调查局天津地质调查中心泰山前寒武纪研究基地"揭牌仪式。
- 10月24日,中心与唐山市人民政府召开"唐山曹妃甸海岸带地质调查成果"移交会议。
- 11月15日,中心、坦桑尼亚矿业部和坦桑尼亚地质调查局在首都多多玛市召开《中坦合作坦桑尼亚地球化学调查初步成果图集》移交会,坦桑尼亚电视台等多家媒体进行了宣传报道。
- 12月28日,"金若时劳模创新工作室"挂牌成立。
- 12月28日,汉青国际集团有限公司董事长赵汉青一行到访中心。

2019年
- 1月7日,成功举办国际合作成果交流会。
- 1月7日,举办国家自然科学基金申报动员会。
- 1月13日,华北地质调查项目管理办公室组织召开"华北地区地质调查规划工作交流研讨会"。
- 1月24日,召开主任办公会议传达部署2018年全国地调工作会议精神,并就落实工作会精神提出具体要求。
- 1月28日,召开2019年工作会议暨六届八次职工代表大会。
- 2月21日,中心牵头的"砂岩型铀矿表生流体成矿作用项目"成功获批国际地球科学计划(IGCP),编码IGCP675,周期为5年(2019—2023)。
- 2月24日,孙晓明与北京汉青国际投资管理有限公司董事长赵汉青在北京签署战略合作协议。
- 3月7日—9日,中心牵头,联合劳雷工业公司、美国EdgeTech公司等多家单位共同协作,开展了国内首次极浅海水域基于多波束-侧扫一体化多相位识别技术的地形地貌测量。
- 3月16日,中心原基础地质调查院被评为"2017—2018年度天津市青年文明号"。
- 3月19日,召开2019年党风廉政建设工作会议。
- 4月10日,华北地质调查项目管理办公室组织完成管辖的78个项目2019年地质调查项目实施方案复核。
- 4月19日,华北地质科技创新中心召开2019年工作研讨会。
- 4月24日,国际地球科学计划(IGCP 675)项目澳大利亚代表西澳地质调查局高劢博士到访中心。
- 4月25日—5月3日,孙晓明陪中国地质调查局局长钟自然访问莫桑比克和坦桑尼亚两国地质矿业机构。
- 4月28日,开展"学习贯彻习近平总书记重要讲话精神和重要指示要求 推动京津冀协同发展"专题党课。
- 4月30日,马震荣获天津市科技系统2012年度"五一"劳动奖章,京津冀协同发展地质调查团队荣获天津市科技系统工人先锋号。
- 5月15日,聘用新职工1人。

- 5月22日—25日，孙晓明一行与泰山风景名胜区管理委员会达成地质文化村建设的合作意向。
- 5月28日，国际地球科学计划（IGCP 675）项目副负责人、加拿大里贾纳大学池国祥教授，东华理工大学许德如教授和李增华教授到访中心。
- 5月，马震家庭荣获"全国最美家庭"称号。
- 5月，中心圆满完成历时一个月的2019年"倡廉洁正气 促转型发展"廉政文化月活动。
- 6月6日，曲凯研究团队发现并命名的自然界新矿物——Taipingite-(Ce)（太平石），正式获得国际矿物学协会新矿物命名及分类委员会（IMA-CNMNC）批准。新矿物全型标本馆藏于中国地质博物馆（馆藏编号：M16084）。
- 6月19日，印发《"不忘初心、牢记使命"主题教育实施方案》（津地调党发〔2019〕19号），部署开展"不忘初心、牢记使命"主题教育。
- 6月22日—23日，召开《全国地质调查规划（华北地区）实施纲要（2019—2025年）》论证会。
- 6月21日，召开"不忘初心、牢记使命"主题教育部署动员会。
- 6月26日—27日，分别与国家自然资源督察北京局、济南局对接工作。
- 6月27日，聘用新职工4人。
- 6月27日，局基础调查部王建桥副巡视员等一行到访中心，调研指导如何充分发挥基础地质调查先行作用。
- 6月21日—7月3日，中心连续组织党委理论学习中心组学习（扩大）会议，开展"不忘初心、牢记使命"主题教育等4个专题9项内容集中学习研讨。
- 7月1日，聘用新职工4人。
- 7月3日，天津市规划和自然资源局路红副局长一行到华北地质科技创新中心调研。
- 7月5日，召开季度例会（生产调度会），加快推进年度"两重"工作和预算执行等工作。
- 7月8日，召开纪委扩大会议，集中开展"不忘初心、牢记使命"主题教育学习，围绕纪检干部"牢记初心使命、强化履职尽责"开展专题研讨。
- 7月11日，由北京大学、中国地质大学（北京）50名博士生组成的高校博士团到访中心考察参观。
- 7月12日，自然资源部党组书记、部长陆昊一行来中心调研。
- 7月30日，援赞地质调查团队授勋仪式在赞比亚矿业与矿产开发部举行，中心援赞地质调查项目组获"中赞地学合作突出贡献奖"。

- 8月，国家自然科学基金委员会公布了2019年自然科学基金资助项目，中心诸泽颖、张家辉、钟焱、张天福获批青年科学基金项目，杨吉龙获批面上项目。
- 8月23日，孙晓明一行慰问离休职工刘坚壁，为百岁老红军庆生。
- 9月5日，召开"不忘初心、牢记使命"主题教育总结大会。
- 9月21日，程银行副研究员获中国地质学会第十七届青年地质科技奖（银锤奖）。
- 9月23日，山东省地质矿产勘查开发局局长张忠明一行到访中心。
- 10月4日，曲凯研究团队发现并命名的自然界新矿物——Fluorluanshiweiite（氟栾锂云母），正式获得国际矿物学协会新矿物命名及分类委员会（IMA-CNMNC）批准。新矿物全型标本馆藏于中国地质博物馆（馆藏编号：M16085）。
- 10月8日，砂岩型铀矿成矿理论国际研讨会暨国际地球科学计划IGCP675铀矿2019年年会在天津召开。
- 10月，金若时同志荣获"天津市优秀科技工作者标兵"称号。
- 10月20日，973首席专家、铀矿工程首席金若时正高级工程师入选自然资源部2019年度自然资源首席科学传播专家。
- 10月29日，程银行同志任能源地质室主任（正处级）；王福任海岸带与第四纪地质室主任（正处级）。
- 11月1日，国际知名矿物年代学专家、德克萨斯理工大学Callum J. Hetherington教授到访中心。
- 11月11日，地调局党组研究决定：孙晓明同志任中国地质调查局天津地质调查中心（华北地质科技创新中心）主任（正局级）、党委副书记，免去其中国地质调查局天津地质调查中心（华北地质科技创新中心）党委书记职务；曹贵斌同志任中国地质调查局天津地质调查中心（华北地质科技创新中心）党委书记（正局级）、副主任，免去其中国地质调查局沈阳地质调查中心（东北地质科技创新中心）党委书记、副主任职务；赵雪梅同志任中国地质调查局天津地质调查中心（华北地质科技创新中心）纪委书记（副局级），党委委员。
- 11月7日，召开中国地质调查局东部南部非洲地学合作研究中心第二届学术委员会会议暨南部非洲业务交流会。
- 11月25日，中国煤炭地质总局水文地质局局长、党委书记蒋向明一行到访中心。
- 11月26日，辽宁省地质勘探矿业集团有限责任公司董事长王恩滨一行到访中心。
- 11月29日，召开华北地质工作研讨会，本次会议主题为：推进地质工作服务黄河流域生态保护和高质量发展、京津冀协同发展和"三对接"工作。
- 11月30日，华北地质科技创新中心召开华北地区地质科技平台协同创新研讨会。
- 11月，李影荣获"天津市最美科技巾帼"称号。

- 12月2日，地调局党组研究决定：汪大明同志任中国地质调查局天津地质调查中心（华北地质科技创新中心）副主任（副局级）、党委副书记；林良俊同志任中国地质调查局天津地质调查中心（华北地质科技创新中心）副主任（副局级）、党委委员。
- 12月16日，召开2019年党支部工作考核会议。
- 12月19日，召开领导干部任职大会，中国地质调查局党组成员、副局长王昆宣布孙晓明、曹贵斌、赵雪梅、汪大明、林良俊任职。
- 12月25日，中国地质调查局海岸带地质环境重点实验室召开2019年年会。
- 12月，《200年"锂"程：从石头到能源金属》由中国地质大学出版社发行。

2020年
- 1月7日，启用"中国地质调查局天津地质调查中心标准物质专用章"印章。
- 1月14日—15日，在天津组织召开六大区中心及水环中心勘查技术项目交流会暨华北地质科技创新中心技术专题交流会。
- 1月18日，举办2020年离退休干部新春团拜会。
- 1月25日，党委传达习近平总书记对新型冠状病毒感染的肺炎疫情作出的重要指示，研究落实上级疫情防控工作要求。
- 1月19日，自然资源部公布了关于2019年度国土资源科学技术奖的公告，中心"中蒙跨境成矿带成矿规律与找矿突破""河北曹妃甸滨海地区海岸带环境地质调查评价"以及"国土资源环境承载力评价理论、方法与应用"3个项目获得国土资源科学技术奖二等奖。
- 1月22日，天津市人民政府颁布2019年度天津市科学技术奖。中心"渤海湾海岸带地质环境调查评价关键技术及应用"项目荣获天津市科学技术进步奖二等奖。
- 2月11日，召开疫情防控和业务工作通报再部署视频会议。
- 3月16日，中国地质调查局党组研究决定：朱群同志任中国地质调查局天津地质调查中心（华北地质科技创新中心）副主任（副局级）、党委委员。
- 3月30日，中心全面复工复产，召开2020年第一次全体职工大会。
- 4月22日，召开2020年工作会议暨六届十次职工代表大会。
- 4月9日，4月21日，中心分别与廊坊自然资源综合调查中心、呼和浩特自然资源综合调查中心开展线上对接交流。
- 4月13日，召开地调科研工作推进会。
- 4月20日，中心获评中国地质调查局2019年度"安全生产优秀单位"，付永利获评局2019年度"安全生产先进工作者"。
- 4月30日，付超荣获中国地质调查局直属机关"优秀青年"称号；胡婷荣获中国地质调查局直属机关"优秀共青团员"称号；蔡云龙荣获中国地质调查局直属机关"优秀共青团干部"称号。

- 5月6日，华北项目办全面完成2016—2018年归口管理地质调查项目成果审核。
- 5月8日，召开党委（扩大）会议，传达学习地调局2020年党风廉政建设工作会议精神，分析研判中心全面从严治党和党风廉政建设形势，研究部署2020年主要工作。
- 5月13日，召开全面从严治党、党风廉政建设工作会议。
- 5月15日，召开纪委（扩大）会议，学习传达贯彻有关文件及会议精神，深入分析研判中心党风廉政建设形势。
- 5月27日，廊坊自然资源综合调查中心到访中心。
- 6月9日，召开2020年党务干部培训暨党建工作推进会。
- 6月10日，中心与河北雄安新区管理委员会综合执法局签订"雄安新区矿产资源规划（2021—2025年）编制"技术服务合同。
- 6月17日，天津市国家保密局督查组对中心保密自查自评工作进行现场督查指导。
- 6月28日，华北地质科技创新中心召开业务推进视频会议。
- 6月29日，召开第二次中心事务会，全力做好常态化疫情防控下的中心"两重"工作。
- 6月29日，中心牵头承担的"中国北方巨型砂岩铀成矿带陆相盆地沉积环境与大规模成矿作用"973计划项目顺利通过成果和财务验收。
- 7月12日，成立汛期地质灾害防治分省驻守专家组。7月18日，专家组成员抵达汛情最严重的河南南部地区。
- 7月15日，聘用新职工1人。
- 7月15日，顺平县副县长仇凯一行到访中心。
- 7月21日，在中国地质调查局统一组织下向张北县移交地质调查工作扶贫成果。
- 7月22日—29日，孙晓明带队赴黄河流域（华北段）开展野外考察调研。
- 7月29日，水环中心文冬光主任一行到访中心。
- 7月，《地质调查与研究》前寒武纪地质研究专题出版发行。
- 7月，工会荣获2017—2019年度"天津市科技系统模范职工之家"称号。地质信息室小组荣获2017—2019年度"天津市科技系统模范职工小家"称号。
- 8月4日，华北项目办与天津市规划和自然资源局签署协调联动合作协议。
- 8月15日，聘用新职工4人。
- 8月18日，召开境外地质调查工作专题会暨地质调查工作转型升级研讨会。
- 8月19日，地调局党组研究决定：免去孙晓明同志中国地质调查局天津地质调查中心(华北地质科技创新中心)主任、党委副书记职务,退休。

● 8月21日,曹贵斌一行到雄安新区水土质量与地质调查评价项目组调研慰问。

● 8月25日,召开"地质调查事业改革发展座谈会议精神"专题学习视频会议。

● 8月27日,天津市科学技术局到雄安新区水土质量与地质调查评价项目组野外慰问。

● 8月28日,华北项目办完成74个项目2021年评估论证。

● 8月31日,曹贵斌看望慰问抗日战争时期参加革命工作的老同志刘坚壁、李素芬。

● 8月,中心获批4项国家自然科学基金项目。

● 9月9日,召开地质事业改革发展青年座谈会暨第一次青年理论学习。

● 9月18日,中心伙食监督管理委员会成立。

● 10月10日,曹贵斌一行为退休干部抗战老兵卢祥生同志百岁诞辰庆生。

● 10月12日,地调局党组研究决定:汪大明同志任中国地质调查局天津地质调查中心(华北地质科技创新中心)副主任(副局级,主持工作)、党委副书记。

● 10月13日,召开党支部党建工作汇报交流会。

● 10月14日,曲凯研究团队发现并命名的自然界新矿物——Moxuanxueite(莫片楦石),正式获得国际矿物学协会新矿物命名及分类委员会(IMA-CNMNC)批准。新矿物全型标本馆藏于中国地质博物馆(馆藏编号:M16103)。

● 10月15日,苏永军家庭荣获2020年度"天津市最美家庭"称号。

● 10月15日—16日,全国政协常委、中国地质调查局副局长李朋德到中心调研。

● 10月22日,组织召开支撑自然资源督察工作业务部署会议,李朋德副局长出席。

● 10月23日,呼和浩特自然资源综合调查中心来访中心。

● 10月23日,在第九届中国地理信息产业大会上,由中心自主研发的"海岸带地质调查全要素一体化监测预警服务平台"荣获中国地理信息产业协会科技进步奖二等奖。

● 10月28日,汪大明一行走访中国地质大学(武汉)、湖北省地质局。

● 11月4日,汪大明、曹贵斌一行前往天津市科学技术局交流工作,天津市科技局党委书记、局长戴永康出席会议。

● 11月4日,汪大明一行到天津市地质矿产勘查开发局对接工作。

● 11月9日,中国地质调查局牡丹江自然资源综合调查中心侯志东同志交流到中心工作,聘任为人事教育处副处长。

● 11月11日—12日,由天津地质调查中心、泰山风景名胜区管理委员会、曹家庄村委联合申报的曹家庄地质文化村通过中国地质学会专家组现场评审。

● 11月13日,曹贵斌一行赴新疆维吾尔自治区地质矿产勘查开发局就援疆挂职干部培养、开展合作交流调研。

- 11月16日，曹贵斌一行到乌鲁木齐自然资源综合资源调查中心就砂岩型铀矿地质调查等工作座谈交流。
- 11月19日，汪大明、曹贵斌一行前往华北地质勘查局对接工作。
- 12月8日，天津市规划和自然资源局党委书记、局长陈勇，二级巡视员张云霞等一行就地质调查"转型升级"、服务天津市经济社会发展到中心交流座谈。
- 12月11日，中心与中国石油华北油田公司、中陕核工业集团公司合作框架协议续签仪式在河北任丘举行。
- 12月14日，召开党委会议审议通过了中心"三定"方案。
- 12月17日，汪大明一行拜访刚果（金）驻华大使馆临时代办、公使衔参赞 Num-biKayembe Valentin 先生。
- 12月25日，召开2020年度党支部书记述职评议大会。
- 12月，商志文荣获"天津市最美科技巾帼"称号，刘洋家庭荣获第二届"天津市文明家庭"称号。
- 2020年，新发展党员3名。
- 2020年，中心新订10项制度、修订9项制度[①]。

2021年

- 1月，中心通过中央文明委复查，继续保留"全国精神文明单位"荣誉称号。
- 1月5日，曲凯研究团队发现并命名的自然界新矿物——Kenoargentotetrahedrite-(Zn)（空锌银黝铜矿），正式获得国际矿物学协会新矿物命名及分类委员会（IMA-CNMNC）批准。新矿物全型标本已馆藏于中国地质博物馆（馆藏编号：M16112）。
- 1月6日，天津市地质矿产勘查开发局局长王学旺、副局长段焕春，天津市海河产业基金管理有限公司董事长王锦虹、常务副总经理曲阳等到访中心，共商地质科技成果转化、金融、产业资源的互利合作的融合模式。

---

① 中心新订《信访工作管理办法》（津地调发〔2020〕76号）、《领导接待日制度》（津地调发〔2020〕31号）、《干部职工因私出国（境）管理办法（暂行）》（津地调发〔2020〕43号）、《职称评审管理办法和职称评审申报标准条件（试行）》（津地调发〔2020〕70号）、《关于印发野外工作区域类别的通知》（津地调发〔2020〕40号）、《工作秘密事项清单》（津地调办发〔2020〕10号）、《公务用车管理办法》（津地调发〔2020〕64号）、《"地质云"地质数据及产品共享服务管理办法（试行）》（津地调发〔2020〕48号），中心党委新订《贯彻落实〈中国共产党党内关怀帮扶办法〉实施细则》（津地调党发〔2020〕24号）、《党费收缴、使用和管理办法》（津地调党发〔2020〕44号）。

中心修订《工作规则》（津地调发〔2020〕41号）、《公文处理办法》（津地调发〔2020〕77号）、《会议管理办法》（津地调发〔2020〕54号）、《公务接待管理办法》（津地调发〔2020〕53号）、《工作秘密管理办法（试行）》（津地调发〔2020〕68号）、《〈地质调查与研究〉科技期刊编辑出版管理暂行办法》（津地调发〔2020〕2号），中心党委修订《委员会工作规则》（津地调党发〔2020〕55号）、《全面从严治党主体责任和监督责任目标责任制的实施细则》（津地调党发〔2020〕56号），中心工会修订《工会经费收支管理办法》（津地调工发〔2020〕6号）。

- 1月8日,召开廉政警示教育大会。
- 1月25日,中心报送的《地质科技创新服务天津市绿色低碳经济社会发展的建议》,得到中共中央政治局委员、天津市委书记李鸿忠同志批示。
- 1月28日,天津市规划和自然资源局总规划师刘荣,天津华北地质勘查局局长朱向东,天津市测绘院有限公司总经理盛中杰等到访中心,共同谋划地质科技服务天津市经济社会发展。
- 1月,中心荣获"奋斗百年路翰墨书丹心"暨庆祝建党100周年书画摄影云展览"优秀组织单位",参展的3幅书法绘画作品被评为优秀作品。
- 2月3日,召开学习贯彻落实全国地质调查工作会议精神研讨会暨第一次中心事务(扩大)会。
- 2月19日,邢怡、梁建刚、孙大鹏、王昌宇等4人交流到中国地质调查局呼和浩特自然资源综合调查中心工作。
- 2月20日,中国地质调查局呼和浩特自然资源综合调查中心董伟交流到中心工作。
- 2月22日,中国地质调查局廊坊自然资源综合调查中心周婷婷、中国地质调查局乌鲁木齐自然资源综合调查中心雷雨辰交流到中心工作。
- 2月23日,陈彭交流到中国地质调查局廊坊自然资源综合调查中心工作。
- 2月25日,中国地质调查局呼和浩特自然资源综合调查中心李泽坤交流到中心工作。
- 3月15日,周红英同志任实验测试室主任(正处级)。
- 3月15日,地质信息室荣获"天津市巾帼文明岗"称号。
- 3月29日,召开新任处级干部谈话会议。
- 3月30日,召开党史学习教育动员部署大会。
- 3月11日,与天津市规划与自然资源局组织天津华北地质勘查局、天津市地质矿产勘查开发局、天津地热勘查开发设计院、中煤水文局集团有限公司、中国地质调查局水文地质环境地质调查中心等多家单位就深部地热勘查开发对接研讨。
- 3月29日,召开党委会议。会议研究决定,启动中心党委、纪委换届选举工作。
- 4月,保密委员会办公室荣获"天津市保密工作先进集体"称号。
- 4月6日—8日,召开2021年度党务干部培训暨党史学习教育读书班。
- 4月16日,召开2021年地质调查项目推进会。
- 4月,首次提交华北地区矿产开发利用状况监测成果。
- 4月26日,召开2021年全面从严治党、党风廉政建设工作会议。
- 5月6日,表彰11名天津地质调查中心"优秀青年"。

- 5月7日,金若时荣获全国"五一"劳动奖章。王福荣获天津市科技系统"五一"劳动奖章。
- 5月10日,中国地质调查局党组研究决定:张起钻同志任中国地质调查局天津地质调查中心(华北地质科技创新中心)副主任(副局级)、党委委员。
- 5月10日,滕学建家庭荣获"天津市最美家庭"称号。
- 5月12日,召开党史学习教育读书班暨学习交流研讨会。
- 5月20日—21日,南部非洲团队应邀出席第六届中国国际镍钴锂高峰论坛,并作专题报告。
- 5月22日,停止使用"天津地质调查中心科学技术处"等23枚印章。
- 5月24日—25日,召开中国地质调查局华北地区地质调查"十四五"规划研讨会,全国政协常委、中国地质调查局副局长李朋德出席并致辞。
- 5月26日,召开2021年工作会议暨六届十二次职工代表大会。
- 6月3日—4日,纳米比亚共和国驻华大使馆商务参赞高赛博(Freddie Gaoseb)先生回访中心。
- 6月5日,滕学建荣获"天津市道德模范"提名奖。
- 6月,中心中标天津市生态环境局"天津市浅层地下水易污性调查评估项目"。
- 6月22日,广西壮族自治区地质矿产勘查开发局党组书记、局长唐善茂一行到访中心。
- 6月23日,中心举行"光荣在党50年"纪念章颁发仪式。
- 6月25日,中心举办"同唱一首歌 永远跟党走"庆祝中国共产党成立100周年文艺演出。
- 7月6日,印发《关于推进2020年党支部标准化规范化建设工作的通知》(津地调党发〔2020〕33号),部署开展党支部标准化规范化建设工作。
- 7月9日,聂大海一行拜访赞比亚共和国驻华大使馆。
- 7月,编制完成《中蒙边界地区1∶100万系列地质图》,该成果获2018年度天津市科技进步奖二等奖。
- 7月,《地质调查与研究》(CN 12-1353/P)期刊更名为《华北地质》,新编国内统一连续出版物号为CN 12-1471/P。
- 7月,陈安蜀荣获天津市、中国地质调查局和天津市科技系统优秀党务工作者称号;方成荣获中国地质调查局优秀党务工作者称号;马震、付超、任军平荣获中国地质调查局、天津市科技系统优秀共产党员称号。地质信息室党支部荣获天津市科技系统先进党支部称号。
- 7月,中心全程技术支撑的山东泰安曹家庄村成功获评我国首批地质文化村。

- 8月2日,刘洋同志任基础地质室主任(正处级);裴艳东同志任后勤管理处处长(正处级)。
- 8月26日,中心受邀参加中央电视台拍摄的《远方的家》系列节目《行走海岸线》。
- 8月27日,中心博士后工作站举行首次博士后进站答辩会。佟鑫同志通过考核正式进站,为中心首位博士后科研人员。
- 10月,华北项目办完成2021年度地质调查项目"双随机"质量检查。
- 10月14日,山东省自然资源厅二级巡视员李克强一行到中心调研。
- 10月22日,自然资源部党组成员、中国地质调查局局长钟自然、副局长牛之俊一行到中心调研。
- 11月,中心牵头完成的"鄂尔多斯盆地塔然高勒—泾川等地区砂岩铀矿找矿突破"成果荣获2020年度国土资源科学技术奖一等奖,"内蒙古索伦山—东乌旗地区航空综合站测量异常查证与找矿突破"成果获二等奖;参与完成的"境外矿产资源基地调查与供应链安全评价"和"地质调查标准化与关键技术标准研究"成果分获一、二等奖。
- 11月4日,聘用新职工4人。
- 11月4日,汪大明一行赴山西省自然资源厅对接工作。
- 11月5日,华北项目办完成归口管理的14个二级项目成果评审。
- 11月8日,汪大明一行赴中国地质大学(北京)对接工作。
- 11月25日,天津市规划和自然资源局矿管处处长滕爱伶、中煤厚持(北京)资本管理有限公司总经理田东霖、天津海河产业基金管理有限公司总经理曲阳和山东方亚新能源集团有限公司总经理助理刘庆福一行到访中心,共商"地质+金融"合作模式。
- 11月26日,召开第八次会员代表大会,选举产生第八届工会委员会。宫晓英为工会主席,刘宇为工会副主席,黄金国为经审委主任,李影为女工委主任。
- 12月9日,中心3幅地质图荣获全国区域地质调查优秀图幅奖。
- 12月,"华北基础地质综合研究与编图应用"项目获天津市地质学会2020年度地质科学技术奖一等奖。
- 12月15日,国家海洋信息中心主任何广顺一行到访中心。
- 12月20日,召开全体党员大会,选举产生了新一届党委、纪委班子,新一届委员会委员6名(按姓氏笔画为序):朱群、汪大明、张起钻、林良俊、赵雪梅、曹贵斌;纪律检查委员会委员5名(按姓氏笔画为序):王宇珍、方成、杨吉龙、陈琳、赵雪梅。党员大会后,召开中心新一届委员会第一次全体会议,选举曹贵斌为党委书记,汪大明为党委副书记,召开纪律检查委员会第一次全体会议,选举赵雪梅为纪委书记。
- 12月26日,印发《中共天津地质调查中心委员会关于印发工作规则的通知》(津地调党发〔2020〕55号)。

- 12月31日,印发《天津地质调查中心关于调整中心内设机构的通知》(津地调发〔2021〕147号),完成新"三定"规定调整落实。
- 2021年,新发展党员3名。
- 2021年,中心新订11项制度、修订40项制度、废止8项制度①。

2022年

- 1月5日,停止使用"天津地质调查中心监察审计处"印章;启用"天津地质调查中心纪检审计处"印章。
- 1月8日,天津市人民政府发布重要通告,中心迅速响应,积极落实天津市疫情防

---

① 中心新订《设备采购实施细则(试行)》(津地调发〔2021〕34号)、《设备维修采购实施细则》(津地调发〔2021〕69号)、《设备租赁采购实施细则》(津地调发〔2021〕68号)、《管理七级及以下岗位聘用管理办法》(津地调发〔2021〕56号)、《公开招聘人员和引进科技创新人才工作实施细则(试行)》(津地调发〔2021〕66号)、《内部样品测试管理办法》(津地调发〔2021〕49号)、《出版印刷服务采购管理实施细则(试行)》(津地调发〔2021〕52号),中心党委新订《巡视整改主体责任和日常监督工作实施细则(试行)》(津地调党发〔2021〕28号)、《主题党日制度》(津地调党发〔2021〕8号)、《发展党员工作程序》(津地调党发〔2021〕9号)、《民主评议党员实施细则》(津地调党发〔2021〕10号)。

中心修订《印章管理办法》(津地调发〔2021〕28号)、《合同管理办法》(津地调发〔2021〕118号)、《综合档案工作管理办法》(津地调发〔2021〕22号)、《政务信息和新闻宣传工作细则》(津地调发〔2021〕119号)、《地调及科研项目委托业务管理办法》(津地调发〔2021〕86号)、《实验测试类委托业务合格供方管理细则》(津地调发〔2021〕70号)、《备用金管理办法》(津地调发〔2021〕15号)、《差旅费管理办法》(津地调发〔2021〕58号)、《市内交通费报销管理办法》(津地调发〔2021〕108号)、《委托业务费管理办法》(津地调发〔2021〕120号)、《公务卡管理办法》(津地调发〔2021〕124号)、《关于规范差旅伙食费和市内交通费收交管理的通知》(津地调发〔2021〕122号)、《国有资产管理暂行办法》(津地调发〔2021〕57号)、《设备管理办法》(津地调发〔2021〕67号)、《处级干部选拔任用工作办法》(津地调党发〔2021〕22号)、《工作人员奖励实施暂行办法》(津地调发〔2021〕9号)、《年度考核办法》(津地调发〔2021〕130号)、《博士后科研工作站管理暂行办法》(津地调发〔2021〕89号)、《野外工作津贴管理实施办法》(津地调发〔2021〕53号)、《外聘机动车驾驶员管理细则》(津地调发〔2021〕94号)、《境外地质调查安全生产管理办法》(津地调发〔2021〕143号)、《放射性(源体)安全管理办法(试行)》(津地调发〔2021〕141号)、《安全生产管理办法》(津地调发〔2021〕146号)、《车辆使用管理办法》(津地调发〔2021〕31号)、《涉密项目保密工作实施细则》(津地调发〔2021〕139号)、《外事保密工作实施细则》(津地调发〔2021〕145号)、《涉密文件信息资料管理实施细则》(津地调发〔2021〕142号)、《保密要害部门、部位保密管理实施细则》(津地调发〔2021〕100号)、《移动存储介质保密管理实施细则》(津地调发〔2021〕99号)、《涉密人员管理实施细则》(津地调发〔2021〕140号)、《无人机安全管理办法(试行)》(津地调发〔2021〕144号)、《关于购买人身意外伤害保险的规定》(津地调发〔2021〕73号)、《实验测试耗材采购实施细则》(津地调发〔2021〕59号)、《图书期刊管理办法》(津地调发〔2021〕51号)、《基本建设项目管理办法》(津地调发〔2021〕65号)、《公用物品及办公家具管理办法》(津地调发〔2021〕117号),中心党委修订《党支部工作考核办法》(津地调党发〔2021〕54号)、《党员领导干部民主生活会实施细则》(津地调党发〔2021〕15号)、《内部巡察工作实施办法》(津地调党发〔2021〕31号),中纪委修订《纪律检查委员会议事规则》(津地调纪发〔2021〕1号)。

中心废止《加强和规范野外差旅费及工作津贴发放工作的通知》(津地调发〔2015〕37号)、《规范差旅费野外差补助及公务机票购买管理补充规定的通知》(津地调发〔2014〕90号)、《涉密人员管理实施细则》津地调发〔2013〕67号)、《计算机信息系统安全保密管理暂行规定实施细则》(津地调发〔2013〕67号)、《天津地质矿产研究所成果地质资料服务收费标准》(津地研函〔2006〕6号)、《预算执行考核暂行规定》(津地调发(2018)101号)、《财务管理办法》(津地调发(2019)103号)、《会计电算化管理制度》(津地研财发〔2002〕6号)。

控指挥部工作部署,做好疫情防控工作。
- 1月25日,召开党史学习教育总结大会。
- 2月18日,召开集中警示教育大会。
- 3月1日,聘用新职工4人。
- 3月3日,汪大明一行赴水环中心对接工作。
- 3月4日,汪大明一行赴北京市地质矿产勘查院对接工作。
- 3月8日,汪大明一行赴河北省地质矿产勘查开发局对接工作。
- 3月9日,汪大明一行赴水环所调研对接工作。
- 3月16日,召开2022年工作会议暨七届一次职工代表大会。
- 3月17日,开展子项目考核暨岗位技能比武竞赛。
- 3月21日—22日,中心承担的国家重点研发计划"深地资源勘查开采"专项所属项目课题绩效评价通过验收。
- 3月21日,中心等主编的《雄安新区岩土基准层划分导则》由河北雄安新区管理委员会发布。
- 3月29日,召开巡视整改工作动员部署会。
- 3月30日,汪大明一行赴天津华北地质勘查局对接工作。
- 3月31日,汪大明一行赴天津市地质矿产勘查开发局对接工作。
- 3月,《中蒙跨境成矿带成矿规律和找矿方向》专著出版发行。
- 3月,离退休干部处被中共天津市委组织部、中共天津市委老干部局和天津市人力资源和社会保障局授予"天津市老干部工作先进集体"称号。
- 4月7日,地调局党组研究决定:王福杰同志任中国地质调查局天津地质调查中心(华北地质科技创新中心)副主任(副局级)、党委委员。
- 4月13日,召开2022年全面从严治党、党风廉政建设工作会议。
- 4月19日,汪大明一行赴天津地热勘查开发设计院对接工作。
- 4月24日—29日,举办纪念中心成立60周年系列球类比赛活动。
- 4月26日,举办"青春心向党·建功新时代"青年主题演讲比赛。
- 5月5日,王福研究员被天津市总工会授予"天津市五一劳动奖章"。
- 5月18日,表彰12名天津地质调查中心"2021—2022年度优秀青年"。
- 5月19日,地调局党组研究决定:汪大明同志任中国地质调查局天津地质调查中心(华北地质科技创新中心)主任(正局级,试用期一年)、党委副书记。
- 5月20日,天津市河东区人民政府副区长田海鹏一行到中心调研,就天津市人才产业创新创业联盟相关事宜座谈交流。
- 5月23日,与长庆油田签署铀矿调查合作意向书。

- 5月24日,天津市科学技术局党委书记毛劲松一行到中心调研。
- 5月31日,华北地质科技创新中心举办首届青年科技论坛。
- 5月,滕学建家庭荣获"全国最美家庭"称号,任军平、俞礽安家庭荣获"天津市最美家庭"称号。
- 6月2日,地调局党组研究决定:李基宏同志任中国地质调查局天津地质调查中心(华北地质科技创新中心)党委副书记(正局级)、副主任。
- 6月13日,相振群同志为科技处(华北地质科技创新中心办公室)处长(主任)(正处级,试用期一年);陈琳同志为财务处处长(正处级,试用期一年);方成同志为党委办公室(群团处)主任(处长)(正处级)。
- 6月15日,召开共青团天津地质调查中心第五次团员大会,选举产生共青团天津地质调查中心第三届委员会,刘洁当选团委书记,许腾当选团委副书记。
- 6月23日,汪大明一行赴河南省自然资源厅对接工作。
- 6月23日,汪大明一行赴河南省地质局对接工作。
- 6月24日,汪大明一行赴河南省地质研究院对接工作。
- 6月30日,召开贯彻落实局党组第二次理论学习中心组学习研讨会精神暨2022年第二季度中心事务会。
- 7月6日,中心领导班子成员带领部分党支部的党员以及团员青年,赴天津觉悟社纪念馆开展"喜迎二十大 奋进新征程"主题党日活动,共同追忆党的青年运动光辉历程,缅怀革命先辈,激发奋进力量,以实际行动喜迎党的二十大。
- 7月6日,汪大明一行赴廊坊自然资源综合调查中心对接工作。
- 7月13日,天津大学党委常委、副校长郑刚一行到访中心。
- 7月19日—20日,曹贵斌一行赴鲁中地区富铁矿找矿靶区评价与优选课题组临时党支部调研并慰问野外一线人员。
- 7月,援卢旺达团组3批次抵达卢旺达,开展为期8个月的援卢旺达地质矿产调查工作。
- 8月3日,汪大明一行赴山东省地质矿产勘查开发局对接工作。
- 8月4日,汪大明一行赴中国冶金地质总局山东局对接工作。
- 8月4日—5日,汪大明一行赴山东省第八地质矿产勘查院对接工作。
- 8月18日,汪大明一行赴国家自然资源督察济南局对接工作。
- 8月19日,汪大明一行赴山东省自然资源厅对接工作。
- 8月11日,启用"中国地质调查局天津地质调查中心"印章(防伪码:1201021022010)等3枚印章,原"中国地质调查局天津地质调查中心"等3枚印章停止使用。

十年大事记 （2012—2022年）

- 8月26日，水环中心主任文冬光一行到访中心。
- 8月22日，制定印发《推进党建工作与业务工作有机融合的措施》。
- 8月24日—25日，汪大明一行赴"内蒙古内陆河及海河北系水文地质与水资源调查监测""第四纪地质演化对察汗淖尔地区生态环境影响研究"两个项目组调研并慰问野外一线人员。
- 8月30日，天津市河东区政协副主席郭鹏志一行到中心调研。
- 9月6日—8日，曹贵斌一行赴"内蒙古武川—镶黄旗一带矿产地质调查"课题组开展调研并慰问野外一线人员。
- 9月8日，中心获批3项国家自然科学基金项目资助：面上项目2项、青年科学基金项目1项，直接经费145万元。
- 9月17日—24日，汪大明赴"内蒙古武川—镶黄旗一带矿产地质调查"课题组调研慰问。
- 9月29日，地调局党组研究决定：高新平同志任中国地质调查局天津地质调查中心（华北地质科技创新中心）副主任（副局级）、党委委员。
- 10月11日，中心获批国家重点研发计划"战略性矿产资源开发利用"重点专项"锰矿和铝土矿形成过程及找矿模型"项目，张起钻正高级工程师为项目首席科学家。
- 10月16日，中国共产党第二十次全国代表大会在北京人民大会堂开幕，中心组织全体党员干部职工收听收看现场直播。
- 10月19日，召开2022年第三季度中心事务会。
- 10月21日，组织召开华北地区新一轮找矿突破战略行动研讨会。
- 11月3日，团委组织召开青年理论学习小组学习会，深入学习宣传贯彻党的二十大精神。
- 2022年，新发展党员2名。
- 2022年，中心新订5项制度、修订15项制度[①]。

[①] 中心新订《行政督办工作管理办法》（津地调发〔2022〕48号）、《科技项目管理办法》（津地调发〔2022〕44号）、《资金支出管理办法》（津地调发〔2022〕42号）、《财务管理与内部控制制度》（津地调发〔2022〕43号）、《值班管理办法》（津地调发〔2022〕12号）。

中心修订《地质调查项目管理暂行办法》（津地调发〔2022〕56号）、《促进科技成果转化实施细则（试行）》（津地调发〔2022〕15号）、《科技项目资金管理办法》（津地调发〔2022〕45号）、《因公出国经费报销管理办法》（津地调发〔2022〕30号）、《采购管理办法》（津地调发〔2022〕50号）、《编外聘用人员管理暂行办法》（津地调发〔2022〕16号）、《野外项目廉政风险防控暂行办法》（津地调发〔2022〕58号）、《危险化学品管理办法》（津地调发〔2022〕28号）、《职工劳动防护用品和保健费管理办法》（津地调发〔2022〕3号）、《保密工作管理办法》（津地调发〔2022〕52号）、《保密工作责任制实施办法》（津地调发〔2022〕51号）、《地质资料管理办法》（津地调发〔2022〕14号）、《计算机网络系统及门户网站管理办法》（津地调发〔2022〕47号），中心工会修订《工会经费收支管理办法》（津地调工发〔2022〕6号）、《工会送温暖活动办法》（津地调工发〔2022〕7号）。